致广大 尽精微
www.aisheying.com

致谢读者

《A：微单崛起》制作过程当中，我们依然延续了以往新书试读的传统。我们此次邀请了五位爱摄影的热心读者参与其中，他们分别是范夏夏先生、房迪时先生、陈永明先生、安志刚先生，以及赵鑫先生。感谢他们在百忙当中，抽出时间参与试读，并给予了大量的修改意见和建议。我们期待更多的读者能够关注微信号：*AISHEYING_PHOTO*和*xingqiumanyou*，与我们直接交流，一起体验摄影带来的愉悦。

爱摄影 aisheying.com　星球漫游

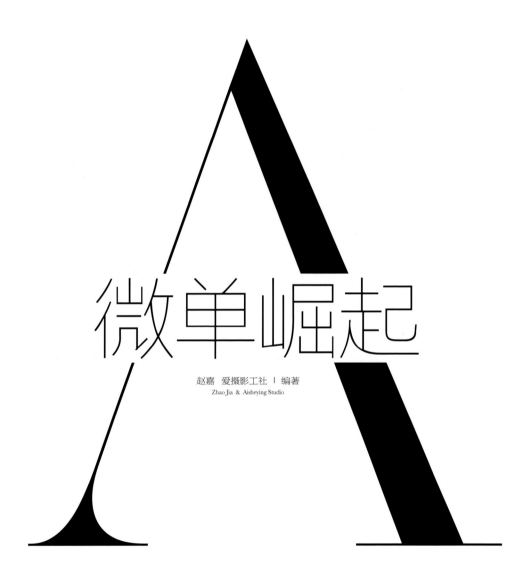

微单崛起

赵嘉　爱摄影工社 ｜ 编著
Zhao Jia & Aisheying Studio

电子工业出版社
Publishing House of Electronics Industry
北京·BEIJING

内容简介

这是一本系统介绍、解析索尼A7系列全画幅微单相机的技术技法书。书中通过对不同领域多位一线摄影师的采访,从职业摄影师的实际使用角度对不同的机身和镜头进行深入解读,力求从每一段谈话的细节中抽丝剥茧,为你解开摄影师工作中的器材秘密。本书还囊括了现已发布的几乎所有A7系列器材和重要的相关附件,同时提供最权威的器材测试、实用建议以及搭配参考,真正帮你一本书玩转全画幅微单。

本书适合摄影爱好者、器材发烧友、职业摄影师,以及摄影相关院校师生阅读参考。

未经许可,不得以任何方式复制或抄袭本书之部分或全部内容。
版权所有,侵权必究。

图书在版编目(CIP)数据

A:微单崛起/赵嘉编著. -- 北京:电子工业出版社,2016.5
ISBN 978-7-121-28438-0

Ⅰ.①A… Ⅱ.①赵… Ⅲ.①数字照相机-单镜头反光照相机-摄影技术
Ⅳ.①TB86②J41

中国版本图书馆CIP数据核字(2016)第058422号

责任编辑:郑志宁 田 蕾
文字编辑:赵英华
排版设计:晏 琳 吴 穹
印 刷:北京利丰雅高长城印刷有限公司
装 订:北京利丰雅高长城印刷有限公司
出版发行:电子工业出版社
     北京市海淀区万寿路173信箱 邮编:100036
开 本:720×1000 1/16 印张:22 字数:633.6千字
版 次:2016年5月第1版
印 次:2016年5月第1次印刷
定 价:98.00元

凡所购买电子工业出版社图书有缺损问题,请向购买书店调换。若书店售缺,请与本社发行部联系,联系及邮购电话:(010)88254888。
质量投诉请发邮件至zlts@phei.com.cn,盗版侵权举报请发邮件至dbqq@phei.com.cn。
服务热线:(010)88258888。

编辑团队

杨磊：摄影爱好者，资深摄影图书编辑，纪录片摄影师。与爱摄影工社保持多年紧密合作，致力于摄影的普及和推广工作。

吴穹：生长于四川，成长于湖北，成熟于北京。自幼便喜欢观察取景器里的世界，时至今日一直保留着对于影像的热爱。关注报道摄影与新地形摄影，并且对人类学、社会学有浓厚的兴趣，希望通过影像见证中国的变迁。执着于匠人的精神，凡事渴望精雕细琢。

龚孺敏：毕业于美国佐治亚理工学院，对革新数字影像的电子技术有着深刻的理解。热爱摄影，拍摄题材广泛，近年来专注于风光摄影作品的创作。

李亚楠：山西太原人。喜爱美术、摄影、后期修图，也对宗教、音乐、铁路有着浓厚兴趣。主要拍摄编辑类图片，喜欢在国内西北地区、国外的中东地区拍摄。

霍思铭：浙江宁波人，热爱摄影，喜欢拍摄宗教和风光等题材，希望在摄影和旅行中学习成长。

美术指导

晏琳：*iOS*用户、处女座。从事创意及新媒体领域工作，服务于知名传媒机构。对技术感兴趣、对艺术有激情，致力于将艺术与技术完美结合。*App Store*线上程序："云端创意"、"*iBride*·时尚新娘"，新浪微博：@*VK*林薇琪。

爱摄影工社 图书路线图

爱摄影目前针对不同层次的摄影爱好者、业余摄影师和职业摄影师，正在构建比较完整的摄影图书创作体系，内容将覆盖摄影技术、流程后期、顶级摄影器材以及摄影文化等。

1. 基础书系列

针对普通摄影爱好者，如果你只是想单纯享受摄影为你带来的乐趣，为你推荐我们的基础类图书，目前包括《一本摄影书》、《一本摄影书 II》和《上帝之眼》系列，未来计划中还有关于观察方式、构图、风光、人像、后期技术方面的书籍。

《一本摄影书》是我们最畅销的摄影入门书，这是一本真正从一线摄影师的角度向你传授数码摄影技术、解答摄影疑问、提炼关键知识点的摄影书。同时，书中遴选了 300 多幅来自全球职业摄影师的高质量照片，将会极大开阔你的眼界，带来前所未有的视觉体验。

《一本摄影书 II》是一本全新的进阶摄影读本，我们将《一本摄影书》中无法细说的高阶内容进一步剖析。不仅涉及摄影观念、常见误区、作品编辑方法，更对建筑摄影、纪实专题、高级肖像摄影、影室摄影、风光摄影等类别进行系统讲解。希望能够拓宽你的视野，运用专业摄影思维来看待世界。

《上帝之眼：旅行者的摄影书》同样非常适合初学者阅读，而且你还可以带上它在旅途中学习摄影。这本书不仅汇集了五位顶尖旅游摄影师的拍摄经验和作品，更几乎包括了关于旅行摄影的所有问题，是迄今为止中文市场上最优秀的关于旅行摄影的读本。

《上帝之眼 II：旅行摄影进阶书》是前者的进阶读本，适合有一定摄影技术基础的旅行者。本书全面地探讨了旅游摄影选材、观念、高级技术技法方面，并通过大量优秀的照片以及摄影师访谈，帮助读者提高拍摄水准。书中还介绍了 50 多个适合于不同季节旅行拍摄的目的地，推荐旅行前阅读研习。

《上帝之眼 III：拍摄罕见之地》是一本以罕见之地为主要线索，配合徒步、登山、滑雪、攀岩、潜水等特殊的极限旅行方式和特殊的拍摄技法，向读者展现了全新的旅行摄影方式的旅行摄影读物。书中选用了大量国际水准的旅行大片，同时收录了多位著名职业摄影师和旅行专家的专业意见、经验。是一本很酷，且绝不可错过的旅行摄影书。

《手机拍的！》通过十几位职业摄影师、手机摄影达人运用手机拍摄的摄影作品，来展示他们所看到的艺术世界，并且通过多款著名 APP 的介绍和运用，教你用手机拍大片。

2. 系统书系列

我们的系统书系列是针对希望走上职业摄影师之路和有销售自己照片意愿的摄影爱好者，目前包括《光的美学》、《摄影的骨头：高品质数码摄影流程》和《通往独立之路：摄影师生存手册》，未来计划中还会有相机镜头、高级摄影流程、商业摄影（上下册）、人像摄影、报道和纪实摄影等方向的专业书籍。

《光的美学》介绍了从用光到曝光的各个方面，教你如何更好地控制光线，从技术到艺术，涉及摄影的多个方面，用通俗易懂的方式来阐释摄影用光知识。同时它也为《摄影的骨头：高品质数码摄影流程》提供了重要的基础知识。

《摄影的骨头：高品质数码摄影流程》是我们第一本以数码后期技术为主的技术提高书，专门介绍如何搭建自己的工作流程，从前期拍摄、色彩管理、后期处理到作品呈现的完整步骤，以及获得高质量作品的各种重要经验。

《通往独立之路：摄影师生存手册》讲的是摄影师如何通过摄影作品获得更好的收益，包括他们需要面对的法律和市场问题。它的读者是职业摄影师、打算出售自己照片的爱好者和图片的采购者。

《万兽之灵：野生动物摄影书》是迄今为止中文世界最权威、彻底，阐述野生动物摄影的专业摄影图书。其中使用了十余位国内外优秀野生动物摄影师的图片作品，是一本学习自然、了解自然、提升自我修养的读物。

3. 顶级摄影器材系列

"顶级摄影器材"系列由来已久，它目前包括《顶级摄影器材：数码卷》、《顶级摄影器材：传统卷》、《EOS王朝》、《佳能镜界》和《经典尼康》。

《顶级摄影器材》分数码卷和传统卷。顶级器材很多，但并不是所有的顶级器材都适合你的使用，首要的是要明白什么是你需要的拍摄方向，然后才能谈到选取适合的顶级器材。顶级摄影器材的价值更多的不在于器材本身，而在于它可以更轻松地记录更加优质的影像，而这套书将会带你找到最适合自己的顶级摄影器材。

《EOS王朝》作为"顶级摄影器材"系列图书之一，是国内唯一一本详细介绍佳能EOS系列在产和停产摄影器材的图书。它为职业摄影师和高级摄影爱好者选择佳能相机、镜头提供了翔实专业的资讯。

《佳能镜界》是"顶级摄影器材"系列《EOS王朝》中关于镜头的部分。书中详细介绍了佳能EOS系列镜头配套的EF和EF-S系列镜头，包括超长焦镜头、移轴镜头、微距镜头等专业设备的评测和使用指南，涵盖佳能EOS系列全部在产和大部分已经停产的镜头型号。

《经典尼康》是"顶级摄影器材"系列中一本详细梳理、总结尼康世界重要相机和镜头品牌的著作。书中不仅详细介绍了尼康完整的历史，爱摄影团队通过试用、拍摄测评了大量的尼康相机和镜头，分享了对尼康相机和镜头的使用经验，也是对尼康历史和产品介绍最完整、最权威的中文著作。

4. 其他

另外，要提到我们出版的第一本摄影书《兵书十二卷》。这是一本影响了百万摄影爱好者的重要作品。虽然它的副标题是"摄影器材与技术"，其实它更多的是阐述和摄影观念相关的知识。我们每年都会对它进行内容的更新，使之更能解决读者当下对于摄影的困惑。

"爱摄影工社"所有的图书都会及时更新，使得里面的内容保持和图片以及摄影器材市场变化的一致性。

本书摄影顾问

王建军

1954 年出生，祖籍山东。1970 年参军，1995 年转业。中国当代著名风光摄影家，中国摄影家协会会员，中国摄影家协会艺术摄影委员会委员，四川省摄影家协会副主席。中国摄影金像奖获得者。多年来，专心致力于中国西部风光、人文地理以及历史题材的拍摄和探索，逐渐形成了自己独特而鲜明的摄影艺术风格，受到社会各界的广泛关注，在国内外颇具影响。

多年来，被瑞典哈苏、日本佳能、索尼、奥林巴斯、腾龙、柯达、富士等公司聘为专业形象大使，在国内外做巡回幻灯演示和讲座。曾多次赴丹麦、瑞典、南非、马来西亚、新加坡、泰国、越南、柬埔寨、美国、南非和欧洲等国进行讲学和拍摄。2003 年被评为哈苏摄影大师；2003 年 9 月在澳门、深圳何香凝美术馆举办"天地之间"摄影个展；2004 年参加北京故宫国际大师邀请展。多次担任国际和全国及省市等影赛、影展的评委工作。其主要著作有《中国西部风光》《康定》《柬埔寨》《粤赣神韵》等画册。2008 年 4 月出版《中国西藏风光》《永恒的记忆》，2015 年出版《凝固的记忆》等画册。

毕远月

自幼生性好动，特别迷恋远方。学生时代开始穷游。某暑假结束后所在院校竟为我举办了摄影展，于是恍然：原来摄影可成为游山玩水的好理由。

后来以为拍照片就是搞艺术，因此去加拿大学习艺术摄影。那时满脑子琢磨的是如何在胶片上再现潜意识这类很文艺的问题。

不久我对艺术设计发生兴趣，前往美国进修。期间在一个摄影工作室打工，又渐渐迷上了商业摄影。后跳槽到纽约一家大型商业摄影公司工作，再与人合伙创业。那时满脑子琢磨的是用什么样的光源才能在反转片上准确地再现出某种宝石的独特色彩，以及本季度如何能拉到更多订单这类很技术又很现实的问题。

某一日，在拍完一堆金银首饰后脑子里冒出个疑问：怎么这游山玩水的借口竟变成了在造型灯下没日没夜工作了？这才意识到已经好久没有出门了。从那时起我开始满脑子琢磨如何将游山玩水的摄影当饭吃这个问题。真要感谢上苍，世界上除了菜市场以外还有图片市场，靠旅行图片谋生便成了可能。

我因为旅行开始摄影，如今却为了摄影而旅行。好在摄影并不影响一个人观察世界。所以就算不是为了工作出门，我也会带上相机。

谢墨

1962年出生于海滨城市——海口，自幼随父习画，大学学的是船舶设计，1989年拥有了第一台相机，便开始了他的摄影生涯。1999年，他便登上了中国摄影的最高殿堂：荣获第四届中国摄影金像奖，同年还荣获全国摄影展览金奖、中国人像摄影十杰等称号。2001年更荣获世界摄影最高荣誉之一"哈苏大师"的称号。之后，富士专业形象大使、爱普生影像大使、布朗灯形象大师、哈苏形象大使等荣誉便接踵而来。2006年，谢墨进行了一个华丽的转身，投身于海底摄影，成为一位倡导环保的自然摄影师。

傅兴

中国摄影家协会会员、中国摄影家协会广告专业委员会委员、中国十佳广告摄影师、国家高级摄影技师、美国职业摄影师协会高级会员。

2007年被佳能公司授予"佳能摄影师"称号。

2008年佳能公司聘请为佳能商业摄影讲师。同年在北京举办了佳能商业摄影师作品展、EPSON摄影师作品展。其作品还代表中国建筑师协会参加在意大利都灵举办的UIA世界建筑师大会。

2009年被授予美国职业摄影师协会"PPA世界杰出职业摄影师"称号。

2010年法国Abvent集团公司的CEO兼总裁Xavier Soule先生对傅兴作品赞赏有加："傅兴（准时并且以完美的技术表现）展示给我们一系列令人惊讶的图片，用毫无缺陷的用光、智慧的构图和对建筑项目的真正的理解涵盖了建筑的各个方面。"

受中国文联中国摄影家协会、建设部、新浪网等多家媒体邀请作为专家评委参与大量国内顶级摄影赛事。他的委托客户名单包括大量世界著名的建筑事务所和开发商，涉及中东、德国、美国、德国、意大利、日本等地的拍摄。

作为中国最具影响力的著名建筑摄影师，他不仅以精湛的摄影艺术使人折服，同时也更多地投身于记录这个时代的建筑典范，其作品成为世界了解中国经济腾飞的重要影像见证。

楚利彬

2001 年从电视台离职，进入大学任教，主要课程是数字化影视后期及节目制作流程，因所授课程需要紧跟技术步伐和实践经验，除了在软件方面保持最新的学习和开发，还要通过参与制作电视栏目、广告、宣传片、电影等工作来保证课程与时俱进。

对自己的人生规划比较简单，36 岁时，离开教师行业，从事一个新领域。一辈子做一项工作太亏待自己，把个人专业做到能力极限时，就不要在停滞之中消磨时光，换一个不熟悉的环境，让自己重新开始。

2013 年，距离我设定的时限到期，离开学校，在不同的旅行中，慢慢寻找自己的感兴趣的事情。10 月，从拉萨翻越喜马拉雅，到达加德满都，由蓝毗尼出境，从北线陆地横穿印度，抵达孟买。这次旅行，起因是对于佛陀造像的迷恋，让我沿着古印度造像最丰富的路线行进。也是在这次旅行中，机缘巧合的认识了正在筹备 2014 年珠峰南坡攀登的张伟。

在泰米尔一家咖啡馆里，和张伟一次短暂的交谈后，便决定了去往珠峰，拍摄这部高海拔登山题材的纪录片。不仅是因为 2013 年，在南伽峰杨春风遇难事件引发的故事，也对这些登山者为何怀有如此坚毅的勇气，执着触碰八千米海拔的信念，充满探寻了解的好奇。同时很想知道，在地球陆地上最稀薄的空气地带，这些人需要应对怎样的挑战，克服怎样的困难，才能登上这座世界上海拔最高的山峰。

张千里

常梦想仗剑走天涯，看一看世界的繁华。——许巍

手中的剑便是各式相机。这个梦想从学生时代便已萌发，延续至今。那时候，觉得以后能开着一部 SUV，后座上堆满了反转片，在藏区做个独行侠是件幸福到做梦都会笑的事。那时候，觉得《National Geographic》的照片张张精彩，摄影师更是神一般的人物。那时候，总觉得这就是我想要的生活。

一个偶然的摄影比赛夺冠，让我叩开了《National Geographic》总部的大门，让我认识到自己有接近梦想的可能。从媒体主编到摄影师的转变并没有太久的时间，但《National Geographic Traveler 时尚旅游》杂志一直没有增加摄影师的计划，我花了 5 年时间才等到与这国内顶尖的旅行杂志正式签约的机会。

现在我时常满地球乱飞，追着美景跑。为杂志拍摄各种题材的照片，希望通过自己对摄影的小小理解，让杂志能够更加精彩，传达出更多文字所不能表现的视觉感染力。

沈绮颖

VII图片社常驻北京的摄影师。

作为第四代海外华侨，绮颖出生和成长在新加坡。她在伦敦政治经济学院完成了历史和国际关系学位。

2010年，她在纽约大学被马格南基金会授予"摄影与人权"奖学金。

2013年，沈绮颖关于中国的金矿矿工的个人专题，最终入选尤金史密斯人道主义奖。同年被《图片地区新闻》评选为顶尖30位摄影新锐摄影师。

2014年，入选《英国摄影期刊》2014年度值得关注的摄影师名单。

她专注于地区性社会事件，并且自从2011年转为自由摄影师，先后为《时代》、《纽约时报》、《纽约客》、《国家地理》、《法国世界报》、《新闻周刊》、《VOGUE美国》、《GQ法国》、《金融时报杂志》、《纽约时报星期日杂志》和《亮点》等媒体拍摄专题图片报道以及多媒体视频拍摄任务。

她的作品也被巴黎和纽约的艺术画廊、拍卖行、基金会展出和收藏。

Jacky Poon

Jacky有将近10年的野生动物摄影及电影制作经验，曾就读于英国 *University College Falmouth* 大学，在海洋与自然历史摄影专业以第一名的成绩毕业。2011年在英国完成了BBC制片人 *Mark Fletcher* 主办的野生动物电影制作大师班的学习，并与BBC著名野生动物主持人尼克·贝克合作拍摄环保教育短片。2012年，他与美国《国家地理》(*National Geographic*)和美国国家科学基金会合作，在厄瓜多尔高山雨林拍摄科研纪录片，并于2012年秋季在美国各州巡展。2013—2014年回国，与奚志农老师合作拍摄野生动物纪录片《*Mystery Monkeys of Shangri-la*》，英语版于2015年春季在美国*PBS*电视台以及美国《国家地理》频道全球放映。2014—2015年与迪士尼频道签约担任电影制作摄影师，拍摄纪录片电影《诞生在中国》。*Jacky*至今已与英国*BBC*、美国《国家地理》频道等电视台长期合作拍摄野生动物纪录片。

参考网站:*http://www.jackypoon.org*

摄影师鸣谢

郑顺景

英文名*Kingston*，钟爱摄影，享受旅游，热衷汽车。
多年来游历全球超过50多个国家，从南极到北欧，从中东到非洲，从南美到西欧，一一踏遍。
曾任职宾利和特斯拉汽车中国区总经理，拥有二十多年专业汽车管理经验。
2006年日本理光*GR Digital*摄影比赛获奖者。
2010年开始为各媒体撰写摄影、汽车、旅游专栏。
视觉中国与*Getty Images*签约摄影师，热爱旅游摄影与环境人像摄影。

孙少武

中国海洋摄影家协会潜水摄影委员会副会长；广东省摄影家协会理事；潜水摄影委员会主任；美国摄影学会*PSA*会员；佳能、索尼讲师。
中国大陆第一位国际循环呼吸系统潜水协会（*RAID*）密闭式循环呼吸系统潜水教练训练官；美国国际潜水教练协会(*NAUI*)潜水摄影教练、课程总监。

程斌

影像生物调查所（*IBE*）影像总监；中国摄影家协会会员；新华签约摄影师；《摄影世界》专栏作者；《中国国家地理》撰稿人。
深入一线拍摄自然十余年，以野生动植物和自然景观等题材为重点。致力于记录和展现中国自然之美，传递自然影像的力量，以促进和改善人与自然的关系。曾荣获多个国内外摄影奖项，并出版联合国*MAB*"生态摄影"个人专辑；举办"自然而然*Naturally Wild*"个人影展；曾被中央电视台"人物"、"新闻频道"栏目报道。

张轶（悟空）

穷游网运营总监，摄影师。热衷于喜马拉雅和喀喇昆仑山区，近期活跃于中东和俄罗斯远东。

目录

第1章 我为什么偏爱微单   1
1.1 前A7时代   2
1.2 A7之惑   3
1.3 独树一帜的A7RM2   8
1.4 我为什么偏爱A7RM2   11

第2章 沈绮颖与纪实报道   17
采访：对话沈绮颖   18
微单的崛起   32
2.1 为什么使用单反相机   33
2.1.1 单反相机的优势   33
2.1.2 单反相机的劣势   35
采访：小巧便携是摄影师的需求   37
2.2 为什么使用微单相机   40
2.2.1 微单相机的优势   40
花絮：微单拥有更多可能   43
2.2.2 微单相机的劣势   43
花絮：职业摄影师对于电子取景器的看法   44
花絮：赵嘉的微单电池解决方案   46
2.3 微单相机与旁轴相机   47
2.4 新器材推动着摄影术的进步   50

第3章 王建军与风光摄影   65
采访：对话王建军   66
A7系列微单的进化   76
3.1 画质   76
3.1.1 极致的画质表现   76
3.1.2 背照式影像传感器   76
花絮：赵嘉关于背照式CMOS使用评述   78
花絮：噪点的来源   81
3.1.3 主流画质呈现   82
花絮：关于RAW压缩算法   84
3.1.4 多面能手   84
花絮：关于静音功能   88
3.2 对焦性能   88
3.3 五轴防抖   89
3.4 综合性能   91
花絮：A7系列到底买哪台？   93

第 4 章 谢墨与艺术摄影　　103
采访：对话谢墨　　104

微单系统的搭建　　114
4.1 初次购买 A7 的建议　　115
4.1.1 风景&日常生活　　115
4.1.2 扫街&抓拍　　116
4.1.3 自然生态&野生动物　　117
4.1.4 人像&纪念照　　118
4.1.5 生活达人　　119
花絮：赵嘉的个人意见　　121
4.2 什么是相机系统　　121
4.3 你需要什么　　124
4.3.1 存储卡　　124
采访：爱摄影使用什么存储卡　　124
4.3.2 电池　　125
4.3.3 滤镜　　125
4.3.4 摄影包　　126
采访：摄影师们都使用什么摄影包　　126
花絮：赵嘉的摄影包推荐　　127
4.3.5 三脚架　　128
花絮：如何选择一款靠谱的国产三脚架　　129
采访：摄影师们都使用什么三脚架和云台　　129
4.3.6 背带　　132
花絮：赵嘉的背带推荐　　132
4.3.7 快门线　　133
花絮：张千里如何离机拍摄　　133
4.4 你可能需要的其他附件　　134
4.5 多平台系统搭配　　135

第 5 章 傅兴与建筑摄影　　143
采访：对话傅兴　　144

相机菜单设定秘籍　　154
5.1 初次使用设定攻略　　154
5.1.1 打开相机先设置这些　　154
采访：沈绮颖如何进行照片管理和备份　　156
5.1.2 可选相机设定　　160
5.2 索尼 A7 系统的进阶设定　　161
5.2.1 对焦模式设定　　161
5.2.2 对焦区域选择　　163

花絮：赵嘉的对焦小技巧 165
5.2.3 棚拍对焦设定 165
5.3 白平衡设定 168
5.4 拍摄模式设定 169
5.5 自定义按键的设定 169
5.5.1 常规的设定方法 169
5.5.2 转接手动镜头的设定方法 170
5.5.3 视频拍摄设定方法 171
花絮：摄影师们如何设定自定义按键 172
花絮：摄影师对于索尼Batis和ZM系列镜头的讨论 183

第6章 张千里与旅行摄影 187
采访：对话张千里 188
A7系列的镜头转接 200
6.1 "万用"的数码后背 200
6.2 转接的优势和劣势 200
6.2.1 优势：充分运用镜头 200
花絮：专业镜头的转接使用 201
6.2.2 劣势：匹配性差异明显 202
花絮：转接环的选择 202
花絮：峰值对焦可靠吗？ 203
采访：摄影师们对于峰值对焦的意见 204
6.3 单反镜头转接 206
6.3.1 转接单反镜头的优势 206
6.3.2 转接单反镜头的劣势 206
花絮：使用转接环时的注意事项 207
6.3.3 转接佳能卡口镜头 207
6.3.4 转接尼康卡口镜头 207
6.3.5 转接索尼A系列镜头 208
采访：超长焦镜头并不适合转接使用 212
花絮：赵嘉观点，灭门还是转接 212
6.4 旁轴镜头转接 213
花絮：老镜头的转接及存在的问题 214
6.5 其他推荐镜头 214
花絮：黑科技旁轴镜头自动接环 215

第7章 JACKY与视频拍摄 223
采访：对话Jacky Poon 224
微单的视频拍摄 236
7.1 微单小成本视频拍摄的优势 237

花絮：码流与视频画质 237
7.2 索尼视频技术的延伸 238
7.2.1 视频宽容度 238
7.2.2 果冻效应的抑制 239
7.2.3 4K拍摄性能 240
花絮：4K是什么？ 241
7.3 视频拍摄选择A7RM2还是A7SM2？ 242
7.4 高品质视频工作流程 244
7.5 视频拍摄的核心元素 244
7.5.1 编码格式 244
7.5.2 采样模式 245
7.6 视频工业流程 246
7.7 视频制作中重要的附件 248
7.7.1 话筒 248
7.7.2 云台 248
7.7.3 三脚架 248
7.7.4 其他摄像套件 249

第8章 微单极限挑战 255
8.1 带上微单去珠峰 256
采访：对话楚利彬 257
花絮：低温下相机的使用注意事项 261
8.2 带上微单走向深蓝 270
采访：对话孙少武 270

第9章 与毕远月闲聊镜头 291
采访：对话毕远月 292
赵嘉谈索尼A7系列镜头系统 297

第10章 微单相机的高阶应用 313
10.1 微单轨相机 314
10.2 我和微单轨 317
10.3 微单轨配什么镜头 318
10.4 关于全画幅接片更多的信息 326
10.5 如何拍摄后组接片 326
花絮：关于三脚架和云台 328
花絮：如何精确校正红移或色偏 330
花絮：如何使用Lightroom接片 332

器材目录

机身推荐

索尼A7RM2	54
索尼A7M2	138
索尼A7SM2	252
索尼RX1:一种对摄影师的解放	174

镜头推荐

变焦镜头

Vario-Tessar T* FE 16-35mm F/4 ZA OSS	96
FE 24-70mm F/2.8 GM	282
Vario-Tessar T* FE 24-70mm F/4 ZA OSS	99
FE 28-70 mm F/3.5-5.6 OSS	309
FE 70-200mm F/2.8 GM OSS	284
FE 70-200mm F/4 G OSS（SEL70200G）	140
FE 24-240mm F/3.5-6.3 OSS	306
花絮：毕远月谈FE 24-240mm F/3.5-6.3 OSS	307
电影镜头 FE PZ 28-135mm F/4 G OSS（SELP28135G）	252

定焦镜头

FE 28mm F/2	288
Sonnar T* FE 35mm F/2.8 ZA	178
Distagon T* FE 35mm F/1.4 ZA	62
Sonnar T* FE 55mm F/1.8 ZA	56
FE 85mm F/1.4 GM	280
FE 90mm F/2.8G OSS 微距镜头	286

副厂镜头

蔡司 Batis 25mm F/2	179
蔡司 Batis 85mm F/1.8	181
蔡司 Loxia系列镜头	218

注意：由于书中的图片说明信息量较大，为了能够美观、简洁地为读者提供重要的器材数据信息息，我们会在图说中采用简写的镜头名称。例如，索尼蔡司Vario-Tessar T* FE 16-35mm F/4 ZA OSS，将简写为FE 16-35/4 ZA。

第1章 我为什么偏爱微单

1.1 前A7时代

摄影是和时间联系最紧密的视觉艺术形式。

我有机会整理10年、20年之前的照片时，经常会被某些当初未留意的细节所触动。所以我总是希望能记录尽量多的细节，获得更高质量的照片，所以我尽量使用具有顶级画质的摄影器材工作。

另一方面，由于常带着相机在各地旅行，在能满足高画质的前提下，我一直很喜欢更小巧的相机。

在手动对焦相机时代，我喜欢使用尼康*FM2*、*F3T*和徕卡*M4.2*、*M6*、*MP*这样轻巧的相机。

进入自动对焦时代，我也倾向于使用尽量轻小的相机。虽然一度使用尼康*F801S*、*F100*，佳能*EOS-1N*、*EOS-3*、*EOS-1V*这样的单反相机，但我最爱的还是能自动对焦的旁轴相机，康泰时*G2*和它6支轻便的蔡司定焦镜头。

进入数码时代，在很长一段时间，体积庞大的数码单反相机是对影像质量有高要求的职业摄影师唯一的选择。

前面说过，我需要的器材，首先要有足够好的画质，所以我一直是坚定的全画幅数码相机使用者，也购买了数码时代各个阶段的所有135全画幅顶级相机。从康泰时*N Digital*，佳能的*1Ds Mark II*、*1Ds Mark III*、*5D Mark II*（简称5D II）、*5D Mark III*（简称5D III），到尼康的*D800E*、*D810*。虽然每个时代这些相机都具备最佳的画质，但它们的体积真的都不小。

我总是希望全画幅数码相机体积可以更小一些，回到康泰时*G2*、徕卡*M6*那样的便利和隐蔽。

CONTAX G2

数码时代的非单反相机，我也一直在使用。从世界上从第一台可以更换镜头的旁轴数码相机爱普生的*R-D1*、索尼*NEX-7*，一直用到昂贵的徕卡*M8*、*M9*数码相机，它们确实都比同时代的数码单反体积更小，可以给我的拍摄带来很多生机和乐趣。但画质确实都没有同时代的顶级数码单反好，所以大多数时候，它们都不太能在工作或者拍摄严肃题材的时候使用。

这种情况到索尼*A7R*的出现才有所改变。

1.2 A7之惑

因为爱摄影工社在出版和更新"顶级摄影器材"系列图书，所以我们一直在跟踪所有的全画幅数码相机。*2013年10月*，索尼发布*3,640*万像素的微单*A7R*之后，我自然也在第一时间就购买了它。

*A7R*是当时像素最高的两款*135*全画幅相机之一，另一款是尼康的数码单反相机*D800E*。这两款相机的*CMOS*感光元件实际上都是索尼生产的，使用相同的技术，都是*3,600*万像素级别，它们的画质是同时代*135*数码相机里最好的。而*A7R*要比*D800E*小和轻许多，而价格也比*D800E*更便宜。

A7R相比于D800E小巧很多

当然，拥有了最好的画质和高性价比，并不意味着它是足够优秀的相机。

首先，我和所有摄影师的担心是一样的，这么小巧的相机，它可靠吗？它实用吗？它好用吗？

我最近几年的拍摄题材多是报道故事、户外摄影以及一些非常个人的拍摄题材，所以我经常要在高寒、高海拔的地区工作。在过去，顶级数码单反相机的高可靠性对于我来讲非常重要。想想千辛万苦的跋涉中，拿出一台相机，发现开不了机，或者没拍几张就不能工作了，或者出现的是一张图像破损的照片，那一刻真是让人极为失望（很不幸，这些事情我在不同品牌的相机上都遇到过，包括一些极其昂贵的专业产品）。

两年的时间里,我带着A7R走过了世界上很多地方。在使用A7R的初期,每次去野外和高原拍摄时,我不敢只带着它。那时候,尼康D800E还是我的主力135相机。

额外说一句,时不时有些年轻摄影师会跟我抱怨,说不相信他们的摄影水准而且不懂摄影的客户们总是希望看到摄影师使用"更专业"的相机,所以更大更雄壮的单反相机更容易打消客户的怀疑。这的确是个有趣的事情。

不要说别人,我有时候也会遇到这样的问题。

大概在十年前开始,我把我在用的顶级照相机和镜头做成了一个系列书,包括《顶级摄影器材》、讲佳能系统的《EOS王朝》、讲尼康系统的《经典尼康》。所以很多人觉得我应该有一个专门的地下仓库堆满了各种顶级器材。结果是,有些人看到我用A7R,就会很吃惊地问:你为什么用这么小的相机呢?这时候我就要从头解释一遍关于他们认为画质最好的D800E实际上用的是跟A7R一样的CMOS之类的。其实,虽然D800E使用索尼生产的CMOS感光元件,而且它和A7R的像素大体相同,但严格来讲,它们还不能说用的是同一块CMOS,只是大体相同的CMOS工艺。这些事情讲起来就太复杂了。

爱摄影工社曾经出版的器材图书

之后的两年里,我数次在高海拔(最高到5,700米)和低温下安全地使用过A7R。因此我又买了一台A7R作为备机,这样单独使用A7R系统拍摄的机会慢慢多了起来,使用D800E的次数则相对越来越少。后来我虽然又买了D810来替换D800E,但它几乎没有使用过,直到现在还依然如新。

我不时有被邀请和其他摄影师一起出去拍照片的机会,A7R因为个头小,不起眼,所以我能采用跟其他摄影师不同的方式,混在被摄者中间拍照,因而得到很多其他人拍不到的画面。这经常是我很得意的事情,因此也有不少摄影师在我的撺掇下买了A7系统,即便不用来做主力相机,带着A7R去旅拍,享受轻便和高画质的器材总是不错的选择。

A7R画质确实优秀，但不是一切都好，比如说它的自动对焦速度只能说是凑合，需要使用很多技巧来提高对焦速度和对焦精度。它的快门声音比较大，机震也大，开机和回放图像的速度都不够快。

另外，对于我来讲，它最大的问题是电池不耐用。所以去高寒地区拍摄，我都带着双电池手柄和一堆电池。但即便如此，A7R的机动性还是比D800E好太多了，兜里多揣几块电池不是啥难事儿。

说到严酷的拍摄条件，我还请了其他摄影师帮忙做了更极端环境下A7系列相机的测试，在这本书的后面大家可以看到楚利彬老师在喜马拉雅山脉工作的成果。

当然，A7R和D800E这样的135数码相机还不能完全满足我的器材需求，虽然它们的画质已经足以拍摄绝大多数的摄影专题。但是在需要更好画质的时候，我还是会使用哈苏和飞思的中画幅数码后背，甚至使用数码后背+中画幅技术相机用于拍摄数亿像素的单透视点接片。对于器材的使用，我从来不"忠诚"于任何品牌，也没有任何自我限制和束缚，完全取决于拍摄的需求。

2014年，出现了一个有趣的新产品，受微单相机的启发，荷兰金宝公司发布了ACTUS微单轨技术相机。它是一台非常有价值的辅助拍摄器材，我可以像原来使用数字后背一样使用A7R。使用A7R+微单轨也可以利用移动后组的拼接方式拍摄高像素的单透视点照片，只是因为A7R具有实时取景功能，使用它和微单轨技术相机配合要比数码后背方便得多。

而这样一套器材的成本只有原来使用中画幅技术相机+中画幅数码后背的1/10，却达到了90%的拍摄性能。当然，色深度方面135数码相机还是略逊于中画幅数字后背，但一定程度上这可以在拍摄的过程中通过光比的控制来调整。同时这一套设备的体积

赵嘉使用金宝Actus微单轨技术相机拍摄

[后页图]摄影：赵嘉　光圈 f/14，快门 1/125s，ISO100；机身：A7RM2，镜头：Batis 25/2]

还非常小巧，外出携带极为方便。也可以使用不是太重型的三脚架进行拍摄，整体拍摄负担小很多。我可以用比原来快捷得多的方式得到上亿像素的图像，来制成巨幅照片出售。

2014年4月，索尼A7S发布之后，我也买了A7S。

A7S在拍摄上的主要优势是高ISO下的画质。由于胶片时代拍摄反转片养成的习惯，以及对于画质比较高的需求，其实我几乎不会使用太高的ISO，大体上我没有高过ISO 1,600的需求。所以，我只是用A7S来拍摄视频，毕竟A7S的1,220万像素对于我的图片拍摄需求来讲有点太低了。

1.3 独树一帜的A7RM2

2015年5月，索尼发布了A7R Mark Ⅱ（下文简称A7RM2），我自然第一时间买了A7RM2。

A7R作为世界上最早的可换镜头全画幅自动对焦无反相机，还具有相当的实验意味。而A7RM2不仅画质比A7R又有了进一步的提升，在综合性能上也有了巨大的提升，它"成熟"多了。

首先，A7RM2最明显的提升是对焦速度比A7R快多了，对焦精确性也有了明显的提高。

这些年我们一直在跟踪相机和镜头的新技术发展，我总是说，在不会太远的未来，无反相机一定会取代单反相机成为主流。说得更难听点，叫"单反相机没有未来"（恭喜大家不用担心"单反穷三代"这件事儿了）。而对于微单相机来说，目前普遍认为最大的短板其实还是自动对焦速度（其他诸如操控、电池、回放速度慢……之类的麻烦其实最终都好解决）。

由于自动对焦使用的技术不同，所以在过去很长一段时间，微单的对焦速度要明显落后于同档次的单反相机。微单相机自动对焦性能的突破其实悄悄出现于索尼的APS-C画幅的A6000，A6000的AF速度已经可以和佳能/尼康的顶级APS-C机器有一拼了，而使用索尼4D对焦技术的A6300在自动对焦性能上更是超过了很多同级别的单反相机。

得益于新的背照CMOS在感光元件上集成的大量相位对焦点，A7RM2的自动对焦速度已经达到目前同类主流单反相机的水平（比如佳能5D Ⅲ、5Ds，尼康D810等）。这对于大多数摄影师来讲，已经没有什么可抱怨的了。

[右页图：摄影：张轶；光圈 f/8，快门 1/160s，ISO100；机身：A7RM2，镜头：FE 24-70/4 ZA]

当然，从目前的技术条件来看，在低光照下，顶级新闻单反相机（尼康D5、佳能1DX Mark II之类）在自动对焦速度上还是有很大优势。短期内，新闻报道、体育和野生动物摄影这几个领域会成为单反相机最后的堡垒，无反相机还取代不了单反相机。

尼康D5和佳能1DX II这类旗舰级产品代表了单反相机的最高技术水准

不过，2014年年中，A7RM2刚刚发布的时候，我曾经问过索尼的工程师，微单相机的自动对焦速度在未来2~3年里，通过提高相位对焦技术或者混合其他对焦技术是否能达到目前佳能、尼康单反顶级机的水平。索尼工程师们猛点头：这个没问题！

［下图，摄影：郑顺景；光圈f/5.6，快门1/400s，ISO100；机身：A7R，镜头：FE 24-70/4 ZA］

如果真的能做到，无反相机很可能就快要攻下单反相机最后的堡垒了。

在画质方面，得益于全新的背照式CMOS和无压缩RAW，A7RM2不仅像素提高到4,240万，它的高ISO画质和色彩表现也都比老一代A7R更好。和A7RM2同期，我也在使用另一款135顶级数码单反相机：佳能5DsR。佳能5Ds和5DsR在画质上的优缺点都很分明。5DsR的5,060万像素比5D Ⅲ 高了很多，但同时宽容度、高ISO画质却有着明显的劣势。这也是它在很多CMOS测试中打分不及A7RM2的主要原因。5DsR最擅长的还是影室内的拍摄，如果你可以精确控制影室灯的输出光比，就可以扬长避短，获得很好的照片。但因为我主要拍摄风景、纪实和旅行题材，更多使用现场光，经常要遇到大光比的情况，所以更多的时候我还是使用A7RM2。

总体上，A7系列划时代的意义在于把顶级的画质装进了一个轻便的机身，从而创造了产品的差异性。这种差异性对于机动性、灵活性要求比较高的个人拍摄是非常有价值的。而如果你采取的是那种带着几个助理，有一个团队一起协作的拍摄方式，使用单反和微单相机的差别并不太大。

1.4 我为什么偏爱A7RM2

再简单说说A7RM2吸引我的其他优点。

1. 体积小、重量轻。这不仅仅减轻了摄影师的负重，别人看着也不起眼。"不起眼"这一点，在中国拍纪实摄影太重要了。

2. 5轴防抖，已经在A7M2上证明非常好用，手持拍摄可以降低4.5挡使用快门。

3. 50万次的快门，职业摄影师的福音啊，卖到二手市场的时候更值钱了。

4. 惊人的内录4K视频功能（其实这机器很牛的视频功能还有很多）。

5. 使用转接镜头时红移现象大幅度减轻了，这在我用微单轨拍摄巨幅照片时确实带来了方便。

6. A7RM2的机震控制非常好，一改A7R的感觉。用高像素机器，机震和手震是非常头疼的事情，原来的尼康D800E/D810，后来的佳能5Ds都存在这样的问题。当然，A7RM2本身的5轴防抖也是解决手震的一个非常有效的功能。

当然，索尼A7RM2也不是十全十美。它也有一些问题。比如前面说了，电池不耐用，开机和回放图片速度还是不够快。另外，A7系列的操控应该做得再好一点，A7RM2主拨盘上突然增加了一个锁定，我倒是觉得没必要。

索尼的Mi系列闪光灯还没有足够丰富的解决方案，比如没有原厂TTL连线，居然要靠老的美能达热靴口TTL连线加两个转接器来解决。

[后页图，摄影：王建军，光圈 f/16，快门6s，ISO50，机身：A7R，镜头：16-35/2.8 ZA]

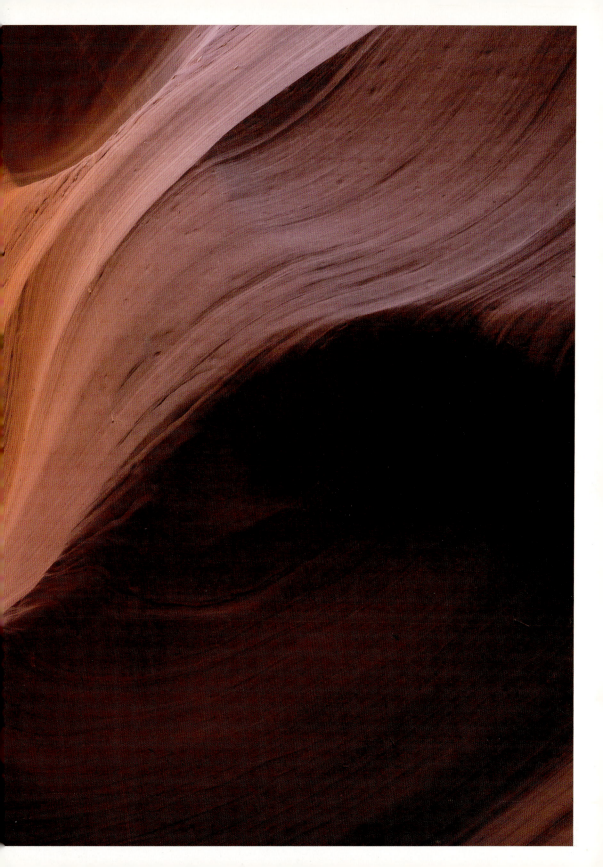

除此以外，如果你更喜欢"小"的顶级全画幅数码相机，喜欢使用现场光或者自然光拍摄照片，它几乎可以说是一台没有缺点的相机。

现在A7RM2是我拍摄工作的主力相机，我继续拿它配合ACTUS的微单轨技术相机拍摄接片。因为A7RM2的像素提升，现在可以得到单张2亿像素的照片了。从器材历史发展的角度看，它的出现可以和当年EOS-1N取代EOS-1、5D Mark II取代老5D一样改变整个市场的格局。如果我们之前说"无反相机会取代单反"还是基于技术层面的讨论，现在，市场上看到了这样的产品。慢慢地，我周围的摄影师也开始相互推荐使用A7系列。

另外，我要承认，A7系列吸引我的另一个重要原因是高素质的蔡司镜头。

我的理念是购买和使用尽量少，但是尽量好的镜头来拍摄。我最常用的焦段是25mm、35mm和50mm，另外我偶尔会使用中焦焦段来拍摄人像。恰好，目前所有这些焦段都有蔡司的定焦镜头可供选择。

我最爱的35mm焦段，A7系列卡口有三支蔡司镜头，可以自动对焦的Sonnar T* FE 35mm F/2.8 ZA、Distagon T* FE 35mm F/1.4 ZA，以及只能手动对焦的35mm/2.0。因为我多数使用现场光或者自然光拍摄，我希望有足够大的光圈。Distagon T* FE 35mm F/1.4 ZA的画质非常好，但是体积太大了，Loxia 35mm F/2.0的画质则不如另外两支好（另外，我也更喜欢使用自动对焦镜头）。所以，虽然35mm F/2.8的光圈不够大，但由于体积超小，所以反倒是我最常用的35mm镜头。

蔡司Batis 25mm F/2、蔡司Sonnar T* FE 55mm F/1.8 ZA是另外两支我最常用的镜头。这两支镜头的体积不大，而且画质都很不错。尤其是Sonnar T* FE 55mm F/1.8 ZA，价格不贵，而画质几乎是目前所有自动对焦标准镜头里最好的。

原来带着两个数码单反机身、三支定焦镜头，需要一个相当大的背包才能装下，现在换成A7RM2，同样两机三头，带一个小背包就足够了，这种感觉真的很爽。摄影器材应该帮助摄影师尽量轻便简洁地完成拍摄，而不应该成为摄影师的负担。

另外，我不太喜欢使用变焦镜头，只是在拍摄旅行题材的时候，我才会带着Vario-Tessar T* FE 16-35mm F/4 ZA OSS和FE 70-200mm F/4 G OSS，但实际上用得并不多。不过，我知道很多摄影师都觉得这两支镜头配合起来超好用。

当然，为了做这本书，我现在已经差不多把A7系列的所有的好镜头都买全了。感谢上帝以及老天爷，A7系列镜头价格只是徕卡镜头的一个零头，所以干我们这行的摄影师还算承受得起。

[右页图：摄影：孙少武；光圈f/9，快门1/80s，ISO640；机身：A7RM2，镜头：适马15/2.8鱼眼镜头]

第2章 沈绮颖与纪实报道

引言

她是一位年轻的"老派"摄影师，是一个用尼康*F3*和徕卡*M*很多年，超喜欢使用光学取景器的摄影师。"纯粹"是她评价一个拍摄行为的标准。现在，她使用两台很小巧、很有手感的数码相机进行工作。她喜欢微单是因为"我可以用任何我喜欢的镜头，用最好的镜头去拍东西"，她就是*VII*图片社的报道摄影师沈绮颖。

采访：对话沈绮颖

赵嘉：使用索尼*A7*系列之前，你用过什么器材？

沈绮颖：我的第一台相机是在我十四五岁的时候，20世纪90年代中期，那是我妈妈的一台佳能*EOS*胶片相机，我就是从那个时候开始喜欢上了摄影。上完高中，我就申请到新加坡最大的英文报《海峡时报》当实习生，他们给了我一台很老的尼康*F3*，像砖头一样。当时同事们都用*F4*。

《海峡时报》有*20*多个摄影师，他们都很资深，看到一个*18*岁的女孩来做摄影师，他们也很热情。下班后他们就会给我马格南的各种画册去看、去研究。有一个菲律宾的摄影师叫作*George Gascon*，我们都称他为"阿公"，他教了我们一代新加坡摄影师，对我这一代摄影师特别重要。他有一个徕卡*M2*，借了我好几个月。我第一次去俄罗斯、第一次去塞浦路斯，都是拿着他的*M2*。我觉得我拍得最好的一些图片，就是很纯粹的图片，都是用胶卷拍的。

我买的第一台相机是尼康*FM2*，第二台是徕卡*M4-P*。徕卡是在英国上了几年学以后，存了一些奖学金买的，那台相机我现在还保留着。

赵嘉：*M4-P*非常好。

沈绮颖：对啊，我一直就比较喜欢这种小巧的、很有手感的相机，因为我是这样长大的。我上大学四年，回去上班，都还一直用着*FM2*，也没有卖掉。我都忘记从什么时候开始买数码相机了，其实比较晚。第一台数码相机应该是佳能的单反，我对于这类大型的单反相机特别没有感觉，所以买的是什么相机我都不太记得了。就是一直和它没有产生什么情感，而我的*M4-P*和*FM2*我都会给它们取名字，就像是家人一样。

赵嘉：哦，还有名字啊？

在胶片时代,尼康FM2与徕卡M4-P都以坚固耐用、价格适中而得到许多职业摄影师的青睐,时至今日你依然可以在二手市场当中很容易地找到这两款机型

沈绮颖:是啊,我的徕卡相机是有名字的,它是一个"爱尔兰人"。我当时着迷爱尔兰电影,所以就给它取了爱尔兰名字。

刚开始拍数码照片的时候,我特别没有感觉。2013年年末,我开始研究索尼,因为它推出了全画幅的微单。之前,推出M4/3相机的时候我对无反相机不感兴趣,因为一直都不是全画幅。有一个同事,他借给了我奥林巴斯OM-D,当时我也用了几个星期,并考虑是不是要用它。因为我需要一台小巧的相机,使用频率会比大机器多。但是我不太满意,能看到那种(画质)被压缩的感觉。

总之就是拍着觉得不对劲,所以后来就没有买。我也忘了是怎么对索尼感兴趣的,后来知道索尼出了全画幅的小相机,就在网上查了一些资料。然后有同事先买了一台RX1,就借来玩了一下,觉得可以用这个。

赵嘉:摄影师之间相互借相机看来是有传统的。

沈绮颖:对呀,肯定是。A7好像是新加坡的摄影师朋友们开始先用的,用了觉得还不错,所以我也买了一台,后续我就是RX1和A7这两台机器一起在用。刚开始用A7的时候我还觉得有一些问题,因为当时用的是很老的徕卡镜头。我觉得它的焦点有点不准了,很多照片都很模糊,后来我买了一个徕卡新款的50mm标头,用在A7上就好起来了。我真正开始用索尼A7和RX1R,大概有一年半的时间,买了大概有两年时间了。头几个月还是一半佳能、一半索尼,没有真的一下就全用索尼拍。现在佳能我就基本没有拿起来过,除非是要我去拍体育题材。

2015年4月,我换了一台A7M2。我现在基本上所有工作都在用这两台机器,拍个人的、拍委托的工作,而且是给一些大的杂志或者报纸拍活。没有图片编辑问我:你这照片是什么相机拍的。我刚用的时候,一个美国的摄影师会问我:"你用那么小的相机拍东西，你的图片编辑不会问你吗？"从来没有编辑问过我，我觉得图片质量是可以保证的。

赵嘉：这个可能跟你拍摄的题材有关系，我拍照片也从来不会有编辑问我用什么机器。但是如果你是专业拍儿童的，有的家长会希望你用"大"的机器拍。

沈绮颖：在中国有一个问题，很多人认为"大即是好、长即是好"。所以我有那么几次，拿着RX1R去拍活，带我去的那个中间人会觉得"你没大一点的相机吗？这太让我难堪了"。带那么小的相机好像不正经，不给他面子。他问我："这小相机行吗？"我说："小相机好厉害，你不要小看它。"然后他就问："这相机多少钱？"我说："比你那个大相机贵。"

有人就是很喜欢大、喜欢长（的摄影器材）。好几次人家问我："你没有大相机吗？不是拿那种白白的、长长的镜头的，才是好摄影师？"我说："现在时代已经不一样了，我比他们超前，好不好？！"

不仅在中国，有时候会有人这么问，在新加坡也是。有一个电视台要我拍一个纪录

[下图] 摄影：沈绮颖（Sim Chi Yin / VII）；光圈 f/8，快门1/64s，ISO320；机身: A7，镜头: 蔡司ZM 25/2.8]

RX1RM2自带EVF电子取景器,比一代的外置取景器更为方便,并且画质和体积的控制都有所改进,整体的使用感受提升不少

短片,我拿着我平时的相机。他说:"我们要拍你的工作照。"我说:"好。"我一个肩膀背A7,一个肩膀背RX1R。他还觉得不太好拍,不像专业摄影师,应该带再大一点的相机。

赵嘉:下次再有这种事情,我借一个哈苏给你?

沈绮颖:(笑)对呀!最后我只能一个肩膀背佳能,一个肩膀背索尼,然后他就接受了。

用索尼在中国拍纪实题材还是很有优势的,因为不显眼。当然人家会"嫌弃"你,可是真正拍东西的时候是很不显眼的,我人也不显眼,机器也不显眼,那么拍起来就会顺利许多,大家就不把我当成是专业摄影师。我很喜欢索尼RX1R的另一个原因就是它声音非常小。在中国拍纪实,静音是一个优点。因为大家都很有疑心的情况下,你可以安静地拍完就离开了。

我没有觉得用索尼拍的图片比佳能拍的哪里差,除了速度稍微慢一点之外。有许多人会说索尼太慢了,可是我觉得,OK,我错过了一些镜头,可是我也拍到了一些我用佳能拍不到的镜头。比如,我用RX1R可以到放到地上拍,可以使用高的、低的不同的角度。我用那个外置电子取景器可以在地上以很低的角度拍,或者从齐腰的角度拍。

赵嘉:哦,你单独买了那个外置电子取景器!但它好大,而且好贵。

沈绮颖:对,好大!可是我不能没有取景器,我还是比较老派的摄影师。虽然索尼那个(外置取景器)很贵,可是我还是投资了。

[后页图:摄影:沈绮颖(Sim Chi Yin / VII);光圈 f/8,快门1/800s,ISO800;机身:RX1R]

赵嘉：那也是你的家人，有名字的那种。（笑）

沈绮颖：对，它是我的家人，我很喜欢RX1R。虽然它很慢，但我可以原谅它，因为我也拍到了许多我用大佳能拍不到的东西。所以，我觉得有得有失，每一个相机都有优点和缺点。反正我现在是可以回到我原来开始拍照时的那种感觉，是一种很小、有手感、有质感的感觉。过去我用手动对焦多一些，现在也开始用自动对焦的镜头。

A7让我觉得很棒的原因是我可以用任何我喜欢的镜头，可以用最好的镜头去拍东西，不用局限于某一个品牌的镜头。我可以用以前老的徕卡、蔡司、尼康镜头。现在我主要用两支25mm的蔡司镜头：Batis 25mm F/2、ZM 25mm F/2；还有徕卡Summicron 35mm F/2、徕卡Summicron 50mm F/2；还有两支尼康手动镜头：105m、180mm，这是我以前买FM2时候用的镜头，都20多年了，不过我也愿意更多去尝试自动对焦镜头。

Summicron 35mm F/2 APSH和Summicron 50mm F/2都是徕卡的经典产品，
它们的核心优势在于以极小的体积实现优异的成像质量

赵嘉：嗯，可以尝试一下，现在索尼A7RM2的对焦速度要比A7M2快很多。虽然这两台相机发布的时间间隔不长，但A7RM2完全就是换了一个机器。就像佳能5D Ⅱ升级到5D Ⅲ。甚至可以用长炮去拍体育题材，但是我觉得体育题材不是你喜欢拍的。我现在最长大概也就用到90mm。有人问我说，"如果你没有长焦镜头怎么拍呢？" "那我就不拍呗，把能拍的拍到最好，就很好了。"

沈绮颖：我一般也不喜欢用长焦镜头去拍东西，180mm的镜头是有时候没办法要拍个什么活才拿出去，105mm镜头拍肖像时才会用到。

赵嘉：你没有想过现在再买一台徕卡的数码机身吗？

沈绮颖：我买了一台M9用了两年，对它的画质和高感表现很失望，然后就把它卖掉了，买了这两台索尼。当然现在看徕卡大M和徕卡Q也流口水了，可是它们都太贵了。对于一个职业摄影师来说是很不划算的东西，因为机器是拿来用的。我是专业的纪实摄影师，我的相机不是需要好好保护的，要能摔、能拿出去用的，而不是在家里躺着的。

女孩子本来就没有那么强壮，所以对我来说，不损失画质，换成体积和重量小一点的设备是一件好事。从A7系列开始，我终于找到了一个可以拿着很舒服的数码器材。A7的液晶屏可以上下翻转，我可以多角度拍摄，很舒服。我能通过液晶屏看到在发生什么事，也可以对焦。佳能我按照这些方式拿，手早就抖了，所以这些可能看起来都是很小的事情，可还是很重要的。所以我觉得索尼还是应该更好地开发女摄影师市场。

另外，我觉得A7相机可能没有佳能这么可以对抗脏乱差的环境。

赵嘉：但是我几次在高海拔，直到5,700m的地方用都没问题，零下20多摄氏度也

[下图：摄影：沈绮颖（Sim Chi Yin / VII）；光圈f/8，快门1/200s，ISO320，机身：A7，镜头：蔡司ZM 25/2.8]

都没问题。A7R和A7RM2都没有问题。有时候屏幕两边会显示暗条,因为LCD液晶屏是没那么抗冷的,但拍的照片没问题。另外,电池会飞快地没电,可能你只能拍几十张,然后把电池拔下来换一个新电池,那块没电的放兜里,过一会儿它又有电了。通常在这种情况下我都带双电池手柄。你去过严酷的地方用它吗?特别寒冷或者海拔高的地方。

沈绮颖:那种情况下RX1R估计不行吧,它的电池太小。我最近一年都没有去很冷或者海拔高的地方,因为今年大半年都在养手的伤。

赵嘉:你觉得A7系列最让你不能接受的缺点有哪些?

沈绮颖:我没有觉得有很大的缺点,电池当然没有佳能的耐用,可是我觉得还能接受。主要是拍视频的时候,电池很快就用完了。

赵嘉:所以拍视频一定要用那个双电池手柄。你不用双电池手柄的话,如果拍摄最后那段的时候正好没电,是录不下来的。

沈绮颖:我知道,佳能也是一样,我损失了一些很珍贵的镜头。

赵嘉:你现在常用的是什么镜头?

电池手柄可以很好解决微单续航的问题,同时提高搭配专业镜头的握持手感

沈绮颖:基本就是上面说的那几个,蔡司 *Batis 25mm F/2*、蔡司 *Biogon 25mm F/2.8 ZM*、徕卡 *Summicron 35mm F/2.0*、徕卡 *Summicron 50mm F/2.0*。尼康105mm和180mm用得少。

赵嘉：如果让你重新选择镜头，你会选择哪三支？

沈绮颖：25mm、35mm、50mm吧，我基本上就是用这三支镜头。如果拍摄前知道不需要非常广的镜头，35mm和50mm的镜头就够了，我有时甚至就带RX1R出门。我还没有用过那个FE 55mm F/1.8的镜头，我的一个同事说比Summicron还好。

赵嘉：索尼Sonnar T* FE 55mm F/1.8 ZA确实非常好。

沈绮颖：好的，我一定试试看。有时候需要拍摄一些细节的照片的话，我也会带上尼康105mm F/2.8 Micro-NIKKOR镜头。

尼康105mm F/2.8 Micro-NIKKOR是胶片时代非常经典的长焦微距镜头，即便在数码时代它依然具有不错的实用价值，如果你有这支镜头可以尝试转接使用

赵嘉：你也可以考虑试试索尼90mm F/2.8的微距，这个镜头非常锐利而且全能。当然，如果需要拍摄肖像或者大头照，Batis 85mm F/1.8的优势在于焦外成像非常柔和，也很适合。

沈绮颖：我暂时还没打算买这类镜头，因为用得少。虽然不是很完美，但尼康的105mm镜头还能用。我在买ZM 25mm之前还有一支尼康的20mm镜头，其实它没有紫边，可是我觉得太广了。

赵嘉：你现在用的25mm焦段已经很广了，我有一支FE 16-35mm F/4，也几乎从来不用，只有偶尔去拍风景才用得上。

沈绮颖：我不喜欢变焦镜头，所以就不用。

赵嘉：有时候16-35mm镜头出门还是得带着，虽然可能一直用不上。包括70-200mm这样的镜头也是，我出门工作有时候会有一种恐惧症，怕万一碰到一些特别重要的事件。

沈绮颖：对，就是出门要带着。我有时候也会有这种不安全感，尤其是接活儿。

赵嘉：平时不是为了工作，我骑着自行车出门，碰到什么拍什么的情况下，拍不到某些画面也OK，我觉得就靠一个35mm的镜头就能应付所有的事情，（需要广角的时候）大不了我就拍两张接起来。但是如果工作的时候，我就会恐惧，会不会有突发的事情啊？或者遇到特别暗的地方、环境不好的地方，如果没有大光圈镜头效果会不会没那么好？有时候我甚至会多带一个哪怕小一点的闪光灯。

沈绮颖：我有时候会带一个LED灯，但是LED灯不是什么情况都应付得了。

Black Diamond 头灯或Fenix LED户外手电都是外出的好帮手

赵嘉：你未来会完全用无反相机来工作吗？

沈绮颖：我现在基本上都用索尼微单相机来完成工作，这一年只有一两次用了佳能的单反相机，重量对我来说是大问题。我右膝盖磨损厉害，这些问题都是我要考虑的，所以我还是要减轻重量。画质上我觉得（微单和单反）没有差别，而且我又可以用我喜欢的镜头，拍起来也比较有感觉。

赵嘉：另外，你有没有想过，你要同时做其他领域的摄影，能更挣钱的？

[上图：沈绮颖（Sim Chi Yin / VII）；光圈f/11，快门1/800s，ISO100；机身：A7M2，镜头:徕卡M50/2]

沈绮颖：我现在也接一些商业摄影任务，可是我接的商业活儿的风格还是稍微偏向于纪实的那种，肖像有时也有人找我拍。我没有刻意去找，价钱好而且不太死脑细胞的活儿，我还是愿意做的。但如果要是很花时间或者死脑细胞的，我还是不想耽误时间，因为我觉得生命太短。

赵嘉：同意，我也经常会说这句话："生命太短，浪费不起。"

沈绮颖：当年我把很舒服的工作辞掉的原因，就是想做一些我觉得有意义的事情。我要这样混日子的话，干脆还在那个报社。我觉得生命挺短的，要做一些自己想做的东西。现在还算挺好的了，只是不会很有钱就是了，够用就好。

[后页图：摄影：程斌；光圈 f/5.6，快门1/60s，ISO640；机身：A7M2，镜头：FE 16-35/4 ZA]

微单的崛起

自从2013年索尼推出首款全画幅微单相机索尼A7/A7R，我们的日常拍摄就多出了一个值得考虑的备选方案。虽然初代全画幅微单在许多细节方面依然有相当多不可忽略的小问题，它并不适合所有的项目拍摄。但是当一年后第二代A7上市时，特别是A7RM2上市之后，整个市场的格局发生了重大的变化。微单相机与单反相机之间的性能差别又进一步大幅度减小，特别是在画质表现和体积轻便性上更是有所超越。

我们身边的摄影师，当然也包括我们，都认为一台高画质的A7RM2，已经能够满足绝大多数的照片拍摄需求，同时在许多场景下它的画质和适应性上甚至超过了单反相机。虽然单反相机依然是许多摄影师默认最为适合进行工作拍摄的摄影器材，但越来越多的职业摄影师也纷纷开始尝试使用微单相机作为辅助相机来拍摄。甚至也有不少拍摄纪实、报道题材的摄影师开始尝试完全使用微单进行拍摄，这也与不同类别题材差异化的拍摄需求有关。

当你看到这本书时，我们并非要说服你马上抛弃手上的单反相机，拥抱微单。事实上，我们只是在陈述一个当下正在发生的技术进化，以及未来会面临的改变。

[下图：摄影：郑顺景；光圈 f/4.5，快门 1/20s，ISO2000；机身：A7S；镜头：福伦达 Heliar 15/4.5 II]

2.1 为什么使用单反相机

单反相机发展到今天，它已是专业相机系统和职业摄影师装备的代名词。摄影师和摄影发烧友使用单反相机，普通爱好者使用小卡片相机，这似乎是一个约定俗成的定义。当然随着人们生活条件的提高，也有许多家庭会选择购买一台专业的单反相机来充实自己的业余生活，并且记录家庭生活中的重要瞬间。相信在你周围总会有一些年轻夫妇准备或者已经购买了一台相机来迎接家庭成员的到来，虽然拍小朋友其实并不需要如此专业的相机，如果询问他们，得到的答案总是"单反相机更加专业"这样的回答。

2.1.1 单反相机的优势

单反相机为何"专业"呢？作为已经高速发展了几十年的135相机主要类别，相机工程师们对于单反相机的改进已经日趋完美。12张每秒连拍的同时可以实现实时的曝光测定以及焦点的实时跟踪，而许多号称可以实现超高速连拍的数码相机，在连拍过程当中只能使用相同的曝光并且锁定焦点。现阶段暂时只有旗舰级的单反相机具备真正实用的高速连续抓拍的性能和极限条件下稳定可靠的性能，因此再过几年你会看到许多体育摄影师、野生动物摄影师、户外摄影师，依然会使用佳能EOS-1D系列或者尼康D5这一类的专业机型。顶级单反相机在高速性能上登峰造极的水准，客观来说还很难被撼动，如果它们都不能满足你严苛的拍摄需求，那估计只能定制附件来改装了。

当然单反相机也有品质之分，民用消费级相机相对于微单的优势并不大，我们所说

由于微单的集成度相比单反相机更高一些，虽然按键布置也挺齐全，但在按键的手感和键位排布上还是和专业单反相机的设计有所区别的

的多数单反相机的优势其实都指代类似佳能5DsR和尼康D810这样的专业相机,而廉价产品的许多性能指标其实反而不及同价位的微单相机。专业单反在设计上都是围绕着其反光镜箱来进行的,因此它的各个组件都相对独立。它们各自工作,没有微单相机高集成度的设计压力,整体综合性能也更好。

　　单反相机的按钮分布也更自由一些,排布通常也经过深思熟虑,一切都是为了方便地实现相机的快速操作。佳能机背上经典的"大转盘"、尼康典型的前后双拨轮设计、索尼丰富全面的功能键排布都不错,常规需要调节的功能完全都以物理按键或者组合按键的方式实现,白平衡、感光度、对焦模式、对焦点选择等,几乎完全使用按键搭配肩屏就能设定,拍摄时基本不需要进入到相机的菜单当中再做更多的工作。

单反相机经过多年的发展,每个厂商都有自己独有的按键设计,它们也成为了具有品牌属性的设计元素
例如:尼康的红色标识、佳能的圆形转盘、宾得的机顶设计

　　此外,单反相机还拥有135相机领域最为丰富的镜头群,几乎涵盖了每一个专业领域的需求。超长焦镜头、鱼眼镜头、移轴镜头、微距镜头,各类顶级变焦镜头、大倍率变焦镜头、极高画质的定焦镜头……单反镜头里找不到的镜头,多数情况下其他类型的相机也很难找到,仅仅有一些不容易在单反相机上应用的光学结构会出现在旁轴相机上,例如:徕卡*Noctilux-M 50mm F/0.95 ASPH*、福伦达*Nocton 35mm F/1.2 Ⅱ Aspherical VM*这样的超大光圈定焦镜头。

专业的单反相机厂商往往都拥有特别庞大的镜头群

更重要的是，由于单反相机原本的法兰距就比较长，后组镜片距离快门帘幕一定要预留一定距离，因此广角镜头通常不能使用旁轴镜头经常采用的对称式镜组结构。这使得光线一定要以相对小的斜射角度射入$CMOS$，它反而更加适合于数字感光元件的成像特点。

总的来说，专业的135单反相机集聚了：高画质、高性能、高可靠性、高适用性的特点，它的专业性是值得我们肯定的。单反不会因为微单的出现而被完全取代，它依然具有有强大的生命力。

2.1.2 单反相机的劣势

如果在几年前，几乎不会有人抱怨说单反相机太大、太重。因为那时旁轴数码相机过于昂贵，微单相机或其他高画质的小型相机还未有技术条件予以开发完备，能够有一个性能达标的工具拍摄已经是很好的事情，单反相机解决了"有没有"的根本问题。而此时此刻，每一秒都有无数的人正在按下手机屏幕上的快门键。当然各种类型的高画质DC相机也在不断地推出，相机的随身携带已经成为现实。相对而言，单反相机的弊端也逐渐凸显。

单反相机的绝大多数问题其实并不能称为质量问题，其实它们都是非常先进的设计。核心问题出现在单反相机与生俱来的结构设计特点上，更形象地说，我们不能拿电动汽车的优点来要求传统燃油汽车。

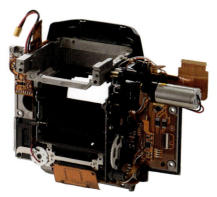

反光镜箱及其驱动系统占据了单反相机相当大的内部空间

单反相机全名叫作"单镜头反光照相机"，而这个反光则是特指单反相机内部的反光镜箱。我们通过它来实现取景光路与成像光路的一致，也通过反光镜的半透特性将光线投射至对焦模块上实现高速的自动对焦。当然也正因为有反光镜箱，单反相机真的很难做得体积足够小。部分用户认为尼康DF的袖珍化尝试其实就是以失败而告终的。其机身厚度完全没有缩小，仅仅只是在手柄、取景器等方面下手，反而破坏了相机的握持手感。

单反相机的尺寸和重量不仅仅只限于机身，镜头也是如此。如果要找出"罪魁祸首"，最根本还是在于法兰焦距和自动对焦系统。由于反光镜箱占据了后组镜片到快门帘幕间大量的位置，在设计镜头时就没有办法使用类似于蔡司 *Biogon* 的对称式镜组结构，而需要使用 *Distagon* 这类反望远镜头结构来增大镜头的后截距，同时得到比较好的成像质量。当然，其副作用则是镜头的体积和重量一定会偏重、偏大，唯一的解决办法就是使用新材料和新技术。

OTUS 镜头的画质非常出色，它不仅采用了反望远镜组结构，同时还使用了大量的特殊玻璃镜片

自动对焦系统的采用一方面增加了镜头的体积，但在重量方面它却和手动对焦镜头没什么差异，手动镜头大量使用金属镜筒，而自动对焦镜头则添加了太多额外的辅助组件。当然，一部分专业变焦镜头反而更大、更重，而同规格的微单镜头则会好不少。不过对于高像素相机而言，我们推荐使用手动对焦镜头，例如蔡司 *Milvus* 系列。从理论上来说，同样成本的手动对焦镜头的画质会优于自动对焦镜头，因为机械式的联动机构可靠性高于使用了大量塑料和电子组件的自动镜头，而且手动镜头可以使用更重的特殊玻璃镜片（自动对焦镜头会采用部分树脂镜片减轻重量）。

总体来说，要有好的画质，那么单反相机与镜头的尺寸就更难以控制。

此外，单反相机还将面临其设计上最大的影响：由于反光镜会随着每次按动快门上下翻动，因此无论如何去抑制震动，单反相机的成像依然受到震动的影响。为此，一些优质的单反相机会在机械结构当中加入缓冲机构，特别是可以实现高速连拍的机型，技术尤为复杂，但带来的成本提高是显而易见的。

对于超过 3,000 万像素的数码单反，我们通常认为快门速度小于 *1/250s* 都会受到震动的影响，再高像素的相机更加明显。我们往往需要搭配尺寸较大的优质三脚架，以及电子快门线，且使用反光板预升功能，才能够得到最佳的画质表现。意味着单反相机需要更多的附件，也大大增加了整个摄影器材系统的复杂程度、体积和重量。一个小小的反光箱就会引发如此之多的连锁反应。

[上图：光圈 f/4，快门，ISO1600；机身：A7R，镜头：FE 16-35/4 ZA]

[后页图：摄影：郑顺景；光圈 f/4，快门1/30s，ISO1600；机身：A7R，镜头：FE 16-35/4 ZA]

采访：小巧便携是摄影师的需求

|沈绮颖|

我现在基本上都用索尼A7系列来完成工作，2015年一年只有一两次用了佳能的单反相机，年初用佳能拍过一个要打光拍肖像的活儿，其他的工作都是用索尼微单。我现在懒得拿佳能出来，重量对我来说是大问题。我出差要拿着一箱器材上下飞机，能轻点的相机和镜头对我来说是件大事。索尼的相机可能一个背包就可以解决了，佳能的相机得需要一个拉杆箱。

我可能是典型的那种个头大、比较强壮的摄影师，现在还在用中画幅在西藏拍报道故事，不觉得在体力上需要小机器，但我自己也是越来越多用索尼微单拍西藏。因为觉得它体积小，不具侵略性，被摄者认为你就是一个普通游客。假如他们认为你是一个专业的摄影师，或者更糟糕的是他们认为你是一个专业记者，很可能会抗拒你的拍摄。其实不仅仅不再用135单反相机，我还期望尽快能用上自动对焦的中画幅无反相机来工作呢！

|赵嘉|

2.2 为什么使用微单相机

正是由于单反相机的种种结构上的局限性，解决这些问题最好的方式其实就是采用现在技术条件下更具潜力的相机结构。CMOS性能全面的提升，以及相关电子集成技术的发展，实时取景、CMOS集成对焦点、高速影像处理器都已经成为普及的电子技术。这些技术短板的补齐，使得以往需要靠机械结构或者光学元件达到的性能，现在基本都可以使用电子的方式予以替代。将单反相机去除反光镜，然后全面的电子化、集成化也就是目前的高级无反相机，也就是索尼所说的"微单相机"。

微单相机取景采用EVF电子取景器或者是机背显示屏，对焦使用软件的反差检测对焦或者利用CMOS集成对焦点对焦。取消不再需要使用的反光镜箱，将机身体积大幅度缩小。它将不再必要的元件完全去掉，也算是另一种"极简主义"。

2.2.1 微单相机的优势

微单相机的优势首先还是画质。

以索尼A7RM2为例，它所采用的全画幅Exmor R CMOS是目前类似规格产品当中技术性能最为先进的，其画质也是135相机中几乎最优秀的。

由于微单相机没有反光镜，也使得微单具有了现阶段最小的法兰焦距，镜头卡口到CMOS仅有18mm，它甚至比徕卡M卡口的27.8mm还要短。因此，微单相机对于镜头结构的使用的限制也要远远比单反相机小，所以对设计师的约束也更小，同样的成本下，可以做出更好的镜头。当然，减小法兰距的另一个好处是，我们可以将许多体积小巧且高质量的镜头转接到微单相机上使用。

微单的法兰距远小于单反相机

其次，微单相机将单反镜箱和周边不必要的机械装置去除，因此它的体积必然缩小非常多。

另外，微单相机轻、小的优势也是系统化的，类比单反相机系统，它的体积和重量也不仅仅在机身方面,几乎所有类型的镜头和附件也都有极大的优势:机身和镜头都更轻了,三脚架和云台也就可以更轻一些,那也是不少的分量呢。完全相同的一套器材搭配,微单系统能够减少40%左右的体积和重量。这对于减轻摄影师的负担,提高效率有着质的改变。

在视频拍摄方面,当下的微单相机的整体技术都比单反相机更胜一筹。无论是续航时间还是拍摄的稳定性,甚至是拍摄画面的质量,第二代的A7系列相机优势都很明显,它们几乎都标配4K视频内录功能(A7M2除外)。如果你采用双机身的工作搭配,完全可以实现一台相机用于照片拍摄,另一台相机则架设在一个固定的机位用于视频片段的录制,这与摄影师往多媒体方向发展的需求相吻合。

也正因为微单相机在体积上的优势,它更加适合用于一些特别的拍摄项目。比如说配合电子轨道拍摄专业的延时照片,或者是搭配6轴或者8轴的专业飞行器进行高质量的航拍,这些单反相机都不太容易能够做到。即便两者都可以,微单相机整套系统的成本也会低很多。特别像飞行器这样的专业设备,更小的负载,所需要购置的机型也会便宜非常多,这值得关注。

使用微单相机拍摄视频,更容易手持(照片由索尼官方提供)

综合来说,作为一个全新的器材领域,微单具有相当大的可发展空间。我们从中看到了它在设计与结构上相比单反相机,更适合数字摄影的潜力。相对于已经非常成熟的单反相机，微单的技术发展依然处在上升阶段，每一代产品的升级都会带来相当可观的技术改进。

一些微单相机曾经的短板，经过几年的进化，已经基本得到了解决。比如，自动对焦速度曾经是无反相机的软肋，5年前，还有很多人有"单反相机对焦快，无反相机对焦慢"的认识。但现在包括奥林巴斯、索尼等厂家的不少产品已经颠覆了这种印象。索尼的APS-C画幅的A6300的自动对焦性能已经超越了绝大多数同时代的同级别单反相机。而A7系列A7RM2的自动对焦性能也已经完全不逊色于同价位的全画幅数码单反相机（类似尼康D810、佳能5D Mark Ⅲ）。

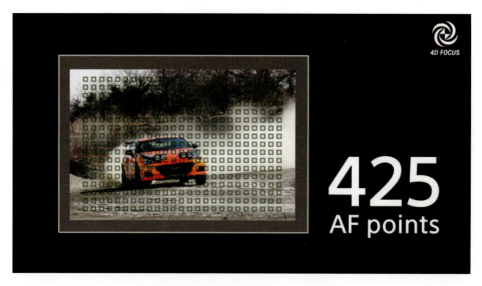

索尼A6300拥有覆盖面积大且密集的相位对焦点

而作为相机电子化的另一个"指标"，EVF电子取景器纵然还有一定的不足。但相对于光学取景器，它却可以直接在取景的高精度液晶屏上显示所有的曝光数据，同时可以显示直方图、数字水平仪等一系列的相关设定详情。同时电子取景器的画面显示信号直接来自于相机的CMOS感光元件，因此可以实现100%的取景视野率。并且它可以直接模拟相机最终成像的影调、色彩效果，几乎可以做到"所见即所得"的取景效果。对于不太会数字后期，很在乎镜头色彩特性，或者说是镜头原本"味道"的使用者，它能够给予你最直观的效果展示，最终照片唯一的不同就是分辨率更高，同时更加细腻。这一切的便利都是单反相机所不能给你的，当然它也有一些难以超越光学取景器的地方。你是否认可它，最终还得看具体的使用方式。

花絮：微单拥有更多可能

{傅兴}

我觉得在建筑摄影中，微单体积的小巧和不错的画质是它最大的优势。具体到我们的拍摄任务中，我就经常使用它在狭小的空间里进行拍摄，而且它很轻，小型的支架就可以支撑它，所以可以放到角落里拍。它的翻转屏适合于取景，能够直观地观察到我所需要的画面。如果这样依然不太容易取景，我们也会使用手机的Wi-Fi和它进行连接，通过手机来取景观察，这也比使用单反相机更加方便。

2.2.2 微单相机的劣势

当然，作为新鲜事物，现阶段无反相机还并不完美。

微单相机通过大幅度电子化，将替换掉单反相机当中的机械和光学组件，从而得到前文中众多的设计优势。但是，电子化也像"达摩利斯之剑"一般，优势的对立面即是劣势。电子化为相机所带来的种种便利，往往也是形成它们劣势的原因，这些都需要通过技术的不断更新来解决。

既然微单相机是通过电子化来替代单反相机的取景系统，那么我们就从这里讲起。单反相机是通过反光镜箱的反射来透过镜头取景，它们通过物理光学组件完成，从取景器中观察是没有延时的，同时具有相当不错的取景质感。但是电子化之后，这一切的工作需要透过CMOS取景，再将画面投射到EVF电子取景器上进行观察。这样的取景方式更加直接，可以实现"所见即所得"，但它的"木桶效应"也就会极为明显，每一个电子器件的性能短板都将直接影响取景效果。

在微单相机刚推出时，你会发现无论是通过电子取景器和液晶屏取景，或者是按动快门拍摄照片，这期间其实都是有很多的延时。与之类似的还有早期具备拍摄功能的手机，当然现阶段的智能手机的延迟已经相当轻微，每一代产品的更新都会减弱这些问题。数码相机也是如此，早期CMOS感光元件的数据读取速度其实是偏低的，小尺寸感光元件相对会更加流畅。M4/3系统最早提出无反相机概念，也得益于它更快的数据读取，而经过几代技术升级之后，全画幅相机的延迟也大幅度降低。A7系列的第一代产品已经解决得不错，而以A7RM2为代表的第二代产品则有了进一步的提高。实际上最新款微单的延迟已经降到相当低的水准，不过你依然能够感受到，这与光学取景依然有一定差别。如果你是一位对于延迟极为敏感的使用者，它依然会让你觉得有些许不快。

相对于延迟，许多人对于电子取景器的显示质感也颇有微词。相对于光学取景，基于高精度液晶显示器的EVF电子取景器还没有办法达到足以迷惑人眼的细腻程度，即便是最新约236万有效像素的取景器已经没有了明显的颗粒感，取景过程中也没有明显的延迟。但对于某些追求极致观看的摄影师来说，它依然是不完美的，甚至可以在未来的很多年中也都难以让人满意。

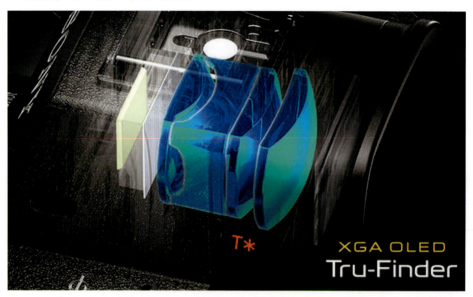

索尼A7RM2拥有极好的EVF显示器，但它们依然不及光学取景器生动，视觉感受的差异来源于成像原理，它很难被改变。不过电子取景器可以呈现相当多的数据信息，其实是各有利弊

花絮：职业摄影师对于电子取景器的看法

索尼微单没有光学取景器，而改用电子取景器（EVF）了，您觉得能适应吗？

| 吴弯 |

由于我们的工作都是商业委托拍摄任务，所以每一张照片都非常重要。而且现场拍摄往往只有一次机会，出差到外地进行拍摄的时候尤其如此。因此，我们希望在按下快门之前，对每一张照片都能得到充分的确认。所以无论是使用单反还是微单我们都希望使用液晶屏取景，这样看到的画面更清晰直观，并且景深和焦点都在摄影师

| 傅兴 |

的控制范围内。

但是由于A7RM2在弱光环境下取景器上噪波过大,甚至导致难以找到对焦点,给拍摄带来了很大的问题。尤其是在放大到最大时噪点过于严重,严重到我经常对焦失误,逼得我现在先使用自动对焦将对焦点调整到我所选的聚焦点上,听见自动对焦提示音之后才敢按下快门,否则我都不敢确信我看到的东西是不是我需要的东西。

傅老师遇到的其实是一个技术问题,微单镜头在取景的时候是收缩光圈的,单反则是开放到最大光圈的,如果在很暗的地方取景,比如光线不足的室内,建筑摄影又需要设定很小的光圈的时候,相机就需要开大LCD的增益来提亮液晶屏上的显示,这个原理有点像夜视仪,所以在液晶屏上会显示比较多的噪点,不那么清楚。好在,这不会影响最终图片的成像。

| 赵嘉 |

[下图:摄影:李彦昭,光圈f/4,快门1/1600s,ISO100;机身:A7RM2,镜头:FE 55/1.8 ZA]

除了这些个人感受上的差异，微单相机由于对于体积的限制，内部的可利用空间也更加有限。因此续航能力就必定远差于单反相机，微单相机原本耗电就更多。即便它有着比单反更好的电池管理和利用的技术，但依然抵不过更大的基础量级。同时微单相机的电池容量受到体积的限制，也更小一些，所以单块电池的续航能力算是微单相机的一个软肋。

花絮：赵嘉的微单电池解决方案

{ 赵嘉 }

在不太寒冷的正常天气下拍摄，我感觉一块电池大体能拍200~400张，这也取决于你回看图片的次数、时间长短，以及使用自动对焦镜头还是手动对焦镜头。所以密集拍摄的时候，通常我每天大概需要3~4块电池，有一个专门的"创意坦克（ThinkTANK）"的电池包装它们。如果在三四天不能充电的地方工作，最好多备一些电池，最好也带着电池伴侣。

多带几块电池倒不是难事，但晚上充电会有点麻烦。我的同事吴穹帮我买了两个"中国深圳华强北"出的可以充两块电池的充电器，很方便。我原来有很多块国产品胜的电池，也是吴穹帮我在网上买的。索尼原厂电池价格要280多元，而品胜只有60多元，性能上差别不大，所以……我自己多数时候图便宜，用国产电池。

但是后来发现品胜电池用"华强北"双格充电器后，有可能会变胖，导致难以塞进机身里去。我们还没搞明白这是品胜电池的问题还是双格充电器的问题，但原厂电池在双格充电器上不会出现这个问题。所以我只能又买了一些原装电池来配双格充电器。结果是，我有一半的电池是原厂的，还有一半是国产的。

生活在"世界工厂"的中国，买到物美价廉的副厂电池和各式各样的充电器从来都不是难事

此外，由于微单相机对于携带性的考虑是出于整体耐用程度的，当然这也是由它的使用情景所决定的。它并非是专门为在复杂环境中使用而设计的，它的用户更多的是考虑在优秀画质的基础上还能有一个不错的重量和易于携带的体积。为了拉开使用场景的差距，徕卡SL则更加偏重于户外极限环境的适应性，防水、防尘的设计都有配备，电池的续航能力也更强，当然最终结果也就使得它与单反相机的体积确实没什么差别了。作为更偏向于常规低强度专业使用的A7系列相机，其户外防护性没那么好也是可以理解的。毕竟我们需要的是一台价格适中、画质优秀、使用方便的大众消费产品，而非专业定制产品，当然我们也期待它可以更好。

625g　　　　　*847g*　　　　　*880g*

徕卡SL虽然户外性能强大，但它的体积和重量几乎与单反无异

另一个重要且许多摄影师抱怨的问题则是，微单的专业镜头群偏少的问题，比如缺少*F/2.8*恒定光圈的变焦镜头，同时也缺少*200mm*以上的超长焦大光圈定焦镜头。相对于单反相机确实也是一个问题，当然索尼每年都在推出新的原厂镜头，但这依然还需要一定的时间才能够完成基础专业镜头系统的搭建。

好消息是，现在越来越多的副厂厂商也看到了镜头群空档的商机。以蔡司原厂为例，它们就推出了*Batis*系列和*Loxia*系列的*FE*卡口镜头，其中*Batis*系列还支持自动对焦和防抖，相当好用。而福伦达也推出了对应的手动镜头，可预见适马、腾龙这些厂商也会陆续推出相关产品。而且A7系列相机还非常适合转接单反镜头使用，这也是一个可行的方案，暂时也能弥补专业镜头缺失的问题。

2.3 微单相机与旁轴相机

微单相机其实与进入数码时代的旁轴相机并没有本质上的差异，更直接地说A7系列相机与徕卡*M*（*type 240*）其实非常相似。其实在徕卡*M*上市之初我们就认为它其实算是一台具备黄斑联动测距机构的全画幅微单相机，这样它便兼具旁轴取景和电子取景的优势。后续也有许多无反相机采用类似旁轴相机的设计，例如富士*XE-2*、徕卡*Q*

等。但这并不意味着旁轴相机与微单相机就可以相互替代,由于黄斑联动测距机构非常适合手动对焦拍摄,而电子取景则有利于自动对焦技术的运用,因此它们的偏向性完全不同。而这也是手动对焦镜头在微单上,无论怎样都不如在旁轴相机上好用的重要原因。

徕卡M系列相机与索尼A7系列尺寸基本相当,但在使用方式和"个性"上却有着本质的不同

此外,这两类相机的操作方式,以及拍摄的过程也有相当大的不同。当你使用微单时,还不错的自动对焦系统以及五轴防抖系统,能让你在多种不同的角度以及配合不同的镜头自由拍摄。你所需要担心的因素会更少一些,也更加容易入手。但是它的反面则是自动镜头的对焦手感较差,同时手动估焦极难,对于很多有丰富拍摄经验的摄影师而言,这反而是一种阻碍。

而当我们使用数码旁轴相机时,由于所有的徕卡M口镜头都是手动镜头,因此它们的景深刻度表以及对焦刻度都相当细致,对于摄影师来说基本上估计距离就能猜个八九不离十。在这样的技术基础上,如果你使用手动对焦镜头拍摄街拍或者紧急情况下的场景,估计焦距并结合景深基本可以快速地完成对焦设定。同时,由于这些镜头是定焦的,例如21mm、28mm、35mm,这些焦段都是摄影师很熟悉的选择,拍摄一段时间之后几乎都可以估计视角范围,再结合上估焦就可以实现快速地盲拍、抓拍。旁轴相机的取景器范围通常是大于取景框的,因此你可以拍摄的同时观察有什么人物进入画面,提前预估拍摄的时间点。

旁轴相机使用手动对焦镜头还有一个重要的技术优势,就是镜头群的质量。这也得益于徕卡一贯的高价高质路线,它几乎拥有每一个焦段定焦镜头的最优画质。同时很好地运用了手动镜头的优势,结合手动镜头上更容易实现的浮动镜组以及特殊光学镜片技术,可以将镜头制作得既小巧同时还画质优异。这些优势我们也都可以很好地运用到微单相机上,旁轴镜头也是一类非常适合于转接至微单的镜头。比如同样都是35mm F/1.4规格的镜头,经过数码优化的旁轴镜头就比自动对焦镜头小很多,而且还能保证画质,也是一种不错的解决方案。

微单不会取代旁轴,旁轴也并不比微单更优,它们一定会不断吸取对方的优势,促进自身的进步,或许会产生新的一类相机也说不定呢。而对于摄影而言,最根本的

微单的取景方式类似于单反,拍摄者的视觉重点在电子取景器内,左眼其实比较难观察周围

旁轴相机取景时,取景器内与外界亮度基本相同,双眼可以同时观察整个环境

微单的机背翻转屏非常方便低角度拍摄

旁轴相机的手动镜头易于估焦,适合盲拍

还是看你希望如何去使用这些器材。《兵书十二卷》一书里说过:"考虑器材越多,考虑摄影也就少了。"

M卡口旁轴相机拥有几十年时间积累下来的不同品牌的各类镜头

2.4 新器材推动着摄影术的进步

将摄影史压缩到一个面上来看,其实你会发现每个时代都有自己最重要的摄影器材,或者是相关技术的突破。比如说我们经常都会听到关于徕卡相机的传奇故事,"很久以前,有一个叫奥斯卡·巴纳克的相机工程师,他一直希望制作出一台易于携带,能够随时拍摄的照相机,所以他设计、制作了一台利用35mm电影胶片拍摄照片的相机……"其实徕卡的故事就是135相机逐步替代120相机成为时代主流的器材发展史。而更早一点,关于柯达胶片替代玻璃干板,玻璃干板替代胶棉湿版的过程则是感光材料技术上的迭代升级。

1839年银版照相机

19世纪后期湿版/干版相机开始使用

1889年胶片被发明,方便的中画幅相机开始使用

1929年双反相机被发明进一步推动中画幅普及

1930年35mm旁轴相机被发明,小型相机逐步普及

20世纪中后期单反相机逐步取代旁轴相机成为主流

21世纪至今数字单反相机一直是专业相机的代表

微单相机/无反相机代表未来?

摄影史上器材的演进过程总是向着自动化、小型化的方向发展

器材与感光材料的发展往往就决定了我们什么可以拍、什么不能拍、需要怎样拍的一系列问题。星空摄影在胶片时代是极其困难的,数字时代却相对容易实现;随意的纪实街拍,胶片时代成本非常高,数字时代手机几乎可以做到"零成本"的拍摄。数字时代的初期,暗光摄影还是只有专业摄影师才能掌握的高阶技术技巧,而CMOS的急速提升以及大光圈镜头的普及,也使得它几乎成为大众拍摄的部分。总的来讲,器材的后起之秀往往是更加优秀的,只有当你有极为特殊的要求或者个人偏好时,老器材才会散发出独特的魅力。

其实,无论是器材的革新还是技术的发展,无非都是围绕着摄影本身这个话题在运转。我们爱摄影工社聊器材或者聊技术,也都是围绕着拍摄本身来进行的。为什么有新的顶级摄影器材推出我们都会买来试试看呢？因为我们也不知道这款新的产品是否就会改变现在的整个摄影格局，能否延伸出更新、更好的拍摄方式以及拍摄流程，一切在使用之前都是未知的。我们不愿意去凭空根据数据去判断一个器材的性能，毕竟器材只是工具，最终还是要回到摄影者手上来拍摄照片，否则它就只是一个首饰或者藏品，仅此而已。

器材的小型化相对更容易记录周围人群自然的状态，特别是在中国

［上图；摄影：吴咢；光圈 f/8，快门 1/125s，ISO100；机身：A7，镜头：FE 28-70/3.5-5.6］

对于微单相机，我们从A7一上市就开始使用，更新到第二代产品对于我们的常规使用就已经没有太多的限制了。并且与过去的单反相机相比较，我们认为微单相机有更大的提升空间和发展。

当然，现在看起来，微单相机的优势主要还在画质好、体积小和轻便上，它更适合例如风景、纪实、静物、日常肖像之类的专业领域。而在体育摄影和野生动物摄影领域，在需要长镜头、高速拍摄，对抗严酷环境的时候，它和相应的专业数码单反相比还有差距。根据数字产品的发展惯例，以及现有的技术储备，在"高速"这个环节要追上单反相机还得需要几年的时间。

不过，我们认为从技术和摄影创作的角度看，无反相机的崛起已经可以在大部分领域替代单反相机，这会是未来的大趋势。利用新技术的动力，使用它们拍摄更多的好照片才是摄影师的最终任务。

［后页图；摄影：郑顺景；光圈 f/1.5，快门 1/200s，ISO6400；机身：A7S，镜头：福伦达 50/1.5］

器材推荐

机身推荐

A7RM2

索尼A7RM2是索尼全画幅微单相机的新旗舰,是目前135画幅综合性能最好的机器。它搭载了约4,240万有效像素的35mm全画幅Exmor R CMOS背照式影像传感器,对细节具有惊人的表现力。这块具有革命性的CMOS影像传感器在提高像素密度的同时也能够实现出色的高感性能。A7RM2的感光度范围是ISO 100~25,600,并且可以扩展到ISO 50~102,400。采用了增强型混合自动对焦技术,399个相位检测自动对焦点和25个对比度检测自动对焦点的协同工作使得A7RM2的对焦非常快速和准确,并且优化的设计也提升了跟焦性能。A7RM2的最高连拍速度约为5张/秒。配备了五轴防抖技术,最高可以补偿约4.5级快门速度。在使用不带有光学稳定系统的镜头时,机内的五轴防抖功能可以提升手持以慢速拍摄的稳定性。除了拍摄高质量的静态影像之外,A7RM2还支持以XAVC S 4K格式机内录制4K高清动态视频。五轴防抖技术也适用于视频的拍摄。这样全面的表现使得索尼A7RM2全画幅微单相机成为当前最引人瞩目的焦点,或许会对数码相机今后的发展带来深远的影响。

A7RM2主要参数信息

像素数量	4,360万像素
照片尺寸	7,952×5,304(无损 RAW 格式文件约 85MB/ 张)
对焦点数	399 点相位对焦点
连拍速度	5 张 / 秒
视频格式	支持 3,840 ×2,160p/29.97 fps (100 Mbps) 机内录制
取景器	0.78× 倍率,235 万点 EVF
相机规格	126.9mm ×95.7 mm ×60.3 mm / 625g

[右页图]摄影:吴穹,光圈 f/11,快门 1/125s, ISO400,机身:A7,镜头:FE 28-70/3.5-5.6]

镜头推荐

Sonnar T FE 55mm F/1.8 ZA*

这支镜头可以被划归为标准镜头。标准镜头蕴含最温和的影像表现力，但绝不代表平庸。标准镜头带有非常自然的视角和距离感，如果你专注地使用它，那么你的影像会充满让人感动的力量。通常，标准镜头会有比较大的光圈，因此可以通过控制景深来营造环境氛围，增强现场感。

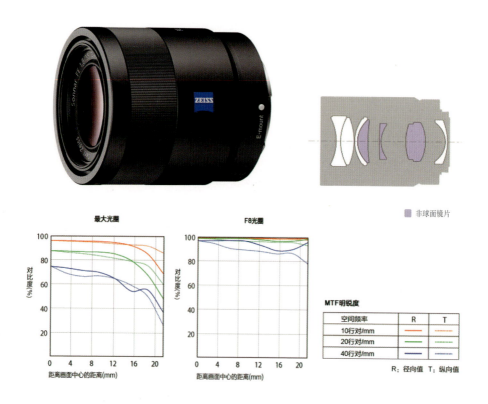

Sonnar T FE 55mm F/1.8 ZA*可以作为定焦挂机镜头，它适合于多种多样的题材，诸如人文、纪实、人像、风景、静物等。镜身的材质为金属，体现了蔡司对品质的追求。这支镜头的光学设计针对了高像素微单对成像质量的要求。在5组7片的镜片结构中，中间3组使用了3片非球面镜以修正各种像差并且改善边缘成像的分辨率，镜片用蔡司独有的T*镀膜技术进行处理以减少逆光或侧逆光拍摄时出现的眩光和鬼影。为了使焦外的虚化光斑更漂亮，这支镜头使用了9枚光圈叶片。

值得注意的是这支镜头采用了*Sonnar*结构，而不是过去蔡司标准镜头常见的

Planar结构。Planar结构能够提供无像散的像场，光圈可以做得很大，并且能够很好地修正球面像差，但是这样的结果是成本相当高。对于采用Planar结构的普通标准镜头而言，其最大光圈下分辨率和反差都不是太好，而收小光圈后会获得更好的效果。Sonnar结构的主要优势是结构相对简单、像场均匀度好、镜头体积可以做得相对较

标准镜头通常都有较大的光圈，能够提供不错的虚化效果，同时视角自然清新
［上图：光圈 f/2.2，快门1/1250s，ISO100；机身：A7R，镜头：FE 55/1.8 ZA］

小。对于配合索尼微单的镜头，这支标准镜头的设计理念是以较低的成本、较小的镜头体积得到较高的成像素质。因此蔡司选择了Sonnar结构，使用了三片非球面镜片以校正大光圈下的中心分辨率和四角的差异。

Sonnar T* FE 55mm F/1.8 ZA的成像素质非常好，在光圈全开时，中心到边缘均具有不错的反差，只是边缘的锐度稍显不足。当收小光圈后，边缘成像质量明显上升。中心最佳分辨率出现在f/5.6并且维持到f/11。在最佳成像光圈f/8 ~ f/11的范围内，中心和边缘在反差和锐度方面都相当出色。由于光学衍射效应，当光圈缩小到f/16以下时，镜头的分辨率出现下降，但是依然能够维持在相当不错的水准。

这支镜头在光圈全开时存在比较明显的暗角，在缩小两挡光圈后基本消失。对于人文纪实类型的拍摄题材，有时反而需要暗角来烘托气氛。另外，这支镜头焦外成像柔美，层次丰富，过渡自然。从色彩表现来看，既不是非常浓郁也不是特别清淡，饱和度适中的色彩赋予它平和的表现力。

花絮：镜头评论

Sonnar T* FE 55mm F/1.8 ZA差不多是成像最好的标头。

｜傅兴｜

没错，尤其是色彩。除非你真的很需要f/1.4的光圈，否则索尼A系列单电相机上的Planar T* 50mm F/1.4 ZA SSM画质实际上不如FE口Sonnar T* FE 55mm F/1.8 ZA好，虽然F/1.4那支还要更贵一些。

当然，标头里你别和蔡司Otus 55mm F/1.4比就行。那支镜头的分辨率、色彩和清澈程度一切都更好。客观地说，如果Otus 55mm F/1.4能打97～98分，那Sonnar T* FE 55mm F/1.8 ZA大概是在93～94分，其他标头多数都在90分以下。

｜赵嘉｜

对，问题是我用了Otus 55mm F/1.4之后觉得其他镜头都不行，不过价钱当然也是很好（笑）。Sonnar T* FE 55mm F/1.8 ZA的性价比和品质我觉得已经足够好了。

｜傅兴｜

Otus真的是太大、太重了，而且又是手动对焦。我觉得对于大多数摄影领域，不一定非要使用Otus，Sonnar T* FE 55mm F/1.8价格便宜得几乎不用考虑成本了。

｜赵嘉｜

在我的拍摄领域中，对于自动对焦没有特别迫切的需求，画质还是我考虑最多的因素。不过Sonnar T* FE 55mm F/1.8 ZA这支镜头，使用微单的摄影师都会买吧！朋友询问我器材购置的意见，通常我也会推荐他们买这支镜头。

｜傅兴｜

［右页图］摄影：程斌，光圈 f/5.6，快门1/3200s，ISO100；机身：A7M2，镜头：FE 16-35/4 ZA］

Distagon T* FE 35mm F/1.4 ZA

大光圈广角定焦镜头在具有广角透视感的同时也具有景深感，在光圈全开时虚化的焦外可以营造独特的环境气氛。另外，大光圈广角定焦镜头可以充分利用现场光线，这是报道摄影师和纪实摄影师看重的。

这支广角定焦镜头采用了Distagon结构。Distagon结构是反望远结构，整个透镜组长度相对于其焦距而言更长，通常用于广角镜头。这种结构的主要优点是像场均匀度高，光线可以更垂直地投射到影像传感器上，这一点很适合数码相机。不过，Distagon结构的最大问题是结构更复杂、体积更大。

这支镜头的镜片结构为8组12片，1片高级非球面和2片普通非球面镜片可以消除广角镜头的畸变和各种像差，并且提高大光圈成像的反差。蔡司T*镀膜能够有效抑制眩光和鬼影，并且呈现更好的色彩饱和度。即使在光圈全开时，这支镜头也有出色的成像质量。镜头的中心和边缘的反差非常好，边缘锐度相比于中心锐度虽然有所降低，不过依然相当不错。而且它的焦外效果迷人，层次过渡自然，暗部细节丰富。这支镜头的最佳光圈范围约是f/5.6~f/8。当光圈为f/8时，中心和边缘的反差和锐度基本没有差异，保持在极佳的水准上。

大光圈定焦镜头不仅有更浅的景深,在光线极差的环境中它也能提供很好的成像质量
[上图:摄影:赵嘉,光圈 f/8.0,快门 1/250s,ISO100,机身:A7RM2,镜头:FE 35/1.4 ZA]

对于镜头常出现的畸变和色散问题,这支镜头处理得非常好,基本都控制在难以察觉的范围内。边缘失光是广角镜头不可避免的问题,在光圈全开时,可以很明显地看到暗角现象,或许这在纪实、报道类的拍摄题材中可以更好地表现环境气氛、传达人物情绪。当光圈缩小到 *f*/4 以下时,基本可以消除暗角。

总体来看,*Distagon T* FE 35mm F/1.4 ZA* 这支大光圈广角定焦镜头成像素质极佳,特别是光圈全开时的表现令人印象深刻。出众的锐度和色彩使影像在大光圈下更加生动和立体。当配合微单新旗舰 *A7RM2* 使用时,高像素能够充分发挥镜头对细节的表现力。

花絮:镜头评论

A7系列的35mm镜头要是有光圈f/2,并且镜头体积不太大,那是最好了。35mm F/2.8的光圈经常就差那么一点点。FE 35mm F/1.4的画质非常好,但体积太大,我就不考虑了,手小拿不了。

|沈绮颖

我现在主要使用Distagon T* FE 35mm F/1.4 ZA、Sonnar T* FE 55mm F/1.8 ZA，然后在计算机上做透视、畸变的后期处理。Distagon T* FE 35mm F/1.4 ZA这支镜头的机械光圈给我的感觉特别好，我还特别喜欢这支镜头对焦的阻尼感，不能容忍佳能镜头那种反复调却找不到焦点位置的感觉。

［傅兴］

Distagon T* FE 35mm F/1.4 ZA是目前所有厂家画质最好的AF 35mm镜头之一，不仅拍风景、静物非常好，拍视频也十分好用。它还可以使用无级光圈，其他FE镜头目前没有这个技术，蔡司针对索尼微单设计的Loxia才有可切换无级光圈的技术，但Loxia系列早期的镜头就是蔡司的ZM系列的改进，因此并不是每一支镜头都那么好。而Distagon T* FE 35mm F/1.4 ZA拍摄的照片放大到非常大画质都很漂亮。除了体积大之外没有缺点。不过，我自己喜欢小巧的镜头，所以拍拍拍之类的题材时更常使用画质稍差，但是更轻、更小的Sonnar T* FE 35mm F/2.8 ZA。

［赵嘉］

我没有Distagon T* FE 35mm F/1.4 ZA，我看了那支镜头的体积就不想用了，我不喜欢那么大的镜头。我觉得35mm F/1.4镜头的大小像徕卡M系列镜头就最好了，我使用的福伦达35mm F/1.4镜头很小巧，也很好用。现在我的器材基本上是往小型化方面发展，能用小一些的镜头就尽量用小一些的镜头。35mm这个焦段，我觉得Sonnar T* FE 35mm F/2.8 ZA镜头挺好的。不过很多人不喜欢用它，不知道是不是因为太便宜了或者光圈不够大，我觉得f/2.8的光圈已经挺大了。那支镜头扫街特别方便，装在机身上的时候可以不装背带，特别小巧，甚至还可以揣在衣服口袋里。

［张千里］

我也挺喜欢Sonnar T* FE 35mm F/2.8 ZA镜头，我有一次在藏区拍摄婚礼从头到尾基本上就只用了那支镜头。不过，我看网上不少人对它不满意，看来大家对器材要求还是蛮高的。

［赵嘉］

［右页图］摄影：傅兴；光圈 f/8，快门 1/15s，ISO200；机身：A7RM2，镜头：FE 35/1.4 ZA］

第3章 王建军与风光摄影

引言

从中国西部到美国西部，摄影大师王建军用犀利的目光静静观察着大自然的运行逻辑，用成熟精致的摄影语言和富有哲学意味的构图，将时光行走的痕迹和大自然的微妙质感表现得出神入化。轻便小巧和成像质量高是王建军对微单系统最大的感受，另外他还使用微单进行航拍，不断丰富摄影语言。

采访：对话王建军

吴穹：王老师，您一直以来都关注风光摄影，从胶片时代至今已经发表过许多优秀的风光作品。您过去的多本画册我们爱摄影工社的编辑们都看过，早期的作品主要是以西部题材为主，那么现在您主要拍摄哪些地方？依然关注风光摄影吗？

王建军：长期以来，我以中国西部作为主要的拍摄对象，近30年的时间，我把镜头对准了中国西部的山水、丰富多彩的民族文化以及比较厚重的历史遗迹，努力呈现自然与文明、自然与文化、以及自然与历史的关系。最近这几年，从2009年开始，我开始系统地拍摄美国西部地区。我把美国西部和中国西部进行对接，就是力图展现在东西方不同的哲学观下人们对待自然的态度、感悟和理解以及所呈现的差异。

吴穹：在您拍摄了这么多的美国西部照片之后，美国西部和中国西部给您哪些不同的感触？

王建军：在中国西部拍摄，我觉得离天很近。这个可能跟中国的传统文化有关系，天人合一、天地合一，到处可以感受到自然与民族、自然与文化、自然与历史的关系。在西藏到处可以看到玛尼石、冰川、佛塔、蓝天、雪山和湖泊，到处都可以感受到人与自然不可分割的这种联系，我觉得离天很近。这些是客观上的感受。

从主观上讲，中国传统文化常常提到借景抒情、寄情于景。这是我对中国西部美景的理解和感悟。但是在美国西部我觉得离地很近。美国西部的地质结构和地理特征与中国西部有很多相同之处，也有很多它自身的特点。比如，奇特的地貌和良好的保护给我们呈现出大自然最真切或者是最真实的那一面。另外，美国人或者西方人观看自然主观上的东西相对少一些，而更多的是对客观自然的尊重。所以美国摄影师会更多地表现大地的气势、张力、线条、色块、质感，等等。他们往往会采用清晰的表现方式，在对自然进行量化的基础上讲究结构。这些在他们的图片中体现得淋漓尽致。

因此将中国西部和美国西部作为一个比较和对比来拍摄，首先可以拓宽实践的机会，其次用不同的世界观面对不同地域和民族的时候可以带来不同的感悟，同时还可以增加新技术的交流。

吴穹：不同国家的摄影师在摄影技术的运用上有什么区别？

王建军：对于数字影像的运用，美国摄影师走在中国摄影师的前面，但是这种差距逐渐在缩小。西方摄影师，特别是职业摄影师，非常注重摄影的整个过程。他们不只停留在前期的拍摄，而且也相当注重后期的调整和暗房的制作。

但是在中国真正靠摄影来养活自己的风光摄影师还是为数不多的。第一，中国没有这样的市场。第二，大部分中国摄影师的作品只停留在电脑上，比如显示屏上、PPT上等。但是每个美国职业摄影师都有自己的工作室和画廊，他们比较重视作品的拍摄和制作过程，这些作品最后都是可以出售的商品。这和中国摄影师有着很大的区别。

中国摄影师在后期技术的呈现和把控上要薄弱一些，在摄影的整个过程上相比于美国摄影师没有那么完整。当然，随着技术的发展和数字影像带来的便利，中国摄影师逐渐在向这些发展方向靠拢，但是还是有差距。

[下图：摄影：王建军；光圈 f/8，快门 1/640s，ISO400；机身：A7M2，镜头：FE 70-200/4 G]

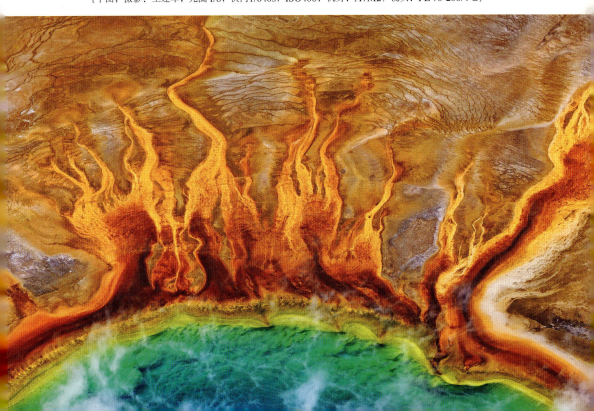

吴穹：您在胶片时代主要是用哈苏、林哈夫这样的中大画幅相机来拍摄风光，那么进入数码时代以后您正在使用哪些相机呢？

王建军：在胶片时代，我使用的相机有林哈夫612、617、4×5和Toyo 8×10。风光除了讲究意境之外还要呈现大自然真实、细腻和细致的一面，所以大画幅在展示自然风光上有得天独厚的优势。我在拍摄自然景观时多用大画幅和中画幅相机，135相机只是作为补充。

林好夫617宽幅相机和Toyo 8×10大画幅相机

随着技术的发展，我逐渐从胶片转到数字影像。我觉得数字技术是影像发展的趋势，现在135规格的数字影像已经超过了当时反转片的效果，甚至达到了胶片时代中画幅的水平，这点毫不含糊。所以要相信科学，不管是胶片时代还是数字影像时代都是建立在技术的基础上的。

我在2005年以后就没有拍过胶片，主要因为使用了哈苏H5D-50C这种中画幅数码相机。我也使用索尼的F828、α100、α700、α900、α77、α99以及最新的A7RM2相机。在拍摄自然风光时，我主要使用中画幅数码相机。但是，随着诸如景深合成、曝光合成、拼接技术的发展，现在普通的小型相机完全可以达到原来更大画幅的像素，这给我们带来了很大的方便。

吴穹：中画幅数码相机在拍摄风光方面确实是非常好的选择，那么您在哪些拍摄题材上会使用A7RM2这样的微单相机呢？

王建军：我没有将A7RM2作为我的主力机型，在拍摄自然风光时只是将它作为方便携带的备用相机。但是它也有它的长处，除了高像素之外，它的高感画质非常好，在拍摄星空时的表现令人惊叹。它的第二个优势是便捷、轻量，这在很大程度上节省了我的体力。由于它的对焦速度逐渐在提升，像素也越来越高，因此这台微单相机是我摄影包里不可缺少的器材。

吴骞：您在使用A7RM2的时候主要搭配哪些镜头使用呢？

王建军：我用过很多镜头，用得最多的两支镜头是*Vario-Tessar T* FE 24-70mm F/4 ZA OSS*和*Vario-Tessar T* FE 16-35mm F/4 ZA OSS*，这两支蔡司镜头都相当不错。同时，我还使用*Sonnar T* FE 55mm F/1.8 ZA*和*FE 70-200mm F/4 G OSS*。索尼镜头的不足之处是缺少超广角，要是有比*16mm*更广的镜头就更好了，我可以用来拍摄银河和星空。为了弥补这一点，我用转接环接上佳能*EF 14mm F/2.8 L Ⅱ USM*镜头拍摄夜空。而随着金宝技术相机的出现，利用其摇摆和俯仰的特点，在拍摄宽画幅、校正变形以及多底拍摄的时候能够带来极大的方便。

吴骞：您通常使用哪些摄影附件呢？

王建军：因为拍摄自然风光，我一贯对三脚架的选择比较看重。长期以来，我使用两种重型三脚架，一种是金钟，三节的，非常结实。后来我使用捷信的5系列、3系列和1系列脚架。相机小型化以及镜头和机身防抖技术的发展，尽管能够提高手持拍摄的稳定性，但是三脚架还是必不可少的。我现在还使用辉驰，尽管它的质量不是顶尖的，但是价格合理，非常实用。而且它很轻巧，我很喜欢它的云台。现在，我对三脚架的选择已经从重型三脚架转到适合我日常拍摄的三脚架。

吴骞：对于风光摄影来说滤镜也是极为重要的附件，您通常是怎样来选择的？

王建军：我常备UV镜，但是一定会选用好的品牌，比如B+W、禄来或者哈苏原厂。另一类滤镜是中灰渐变镜，它适用于早晚的拍摄。但是由于现在数字影像的多重曝光和多底合成的发展，物理滤镜逐渐在被淘汰。我常用的中灰渐变镜和中灰镜品牌是耐思。中灰镜在慢门拍摄水流、云彩的时候非常有用。

吴骞：我关注到您也尝试使用无人机来航拍，并且许多照片基本上都是用A7系列

[后页图：摄影：王建军；光圈 f/16，快门1/15s，ISO160；机身：A7R，镜头：FE 16-35/4 ZA]

微单相机拍摄的,是不是微单相机比较小巧轻便才把它用在航拍上呢?

王建军:那肯定是的。无人机的出现为我们提供了更多的视觉可能。我用得最多的是六轴和八轴的大疆无人机。我在拍摄中国和美国西部风光时使用无人机挂上索尼A7R来拍摄,效果非常好。

吴穹:您觉得微单以后会取代单反成为主流吗?对于您来说微单还有哪些缺点需要进一步改进?

王建军:我觉得取代与否没有太多必要去讨论这件事,因为任何相机的存在和发展都有它的针对性。微单完全取代单反不太可能,因为各种工具都有它的适用性,只是每个人的选择不同而已。但是微单最大的问题是连拍速度要慢于单反。像素并不是不能衡量相机如何了得的因素,对于风光摄影,像素确实重要,但是色彩深度也很重要。所有的单反旗舰机器,像素都不是最高的,这也说明了一个问题,像素不是越高越好。对于相机的选择,我觉得要因人而定、因题材而定。另外,每个人的拍摄习惯不一样。还有要考虑预算,要根据钱包来确定。

使用微单航拍需要使用负重更大的六轴飞行器,
例如图中的大疆S1000

[左页图]:摄影:王建军;光圈 f/2.8;快门15s;ISO1600;机身:A7R;焦段:14mm]

[后页图]:摄影:王建军;光圈 f/8;快门1/500s;ISO100;机身:A7R;镜头:FE 35/2.8 ZA]

A7 系列微单的进化

3.1画质

3.1.1极致的画质表现

2015年8月索尼推出了A7RM2，作为微单全画幅新旗舰机型。从前一代产品A7R升级到A7RM2，索尼的技术进步非常引人瞩目。

第一代的A7R使用了无光学低通滤镜的有效像素约3,640万的35mm全画幅Exmor CMOS影像传感器，是当时画质最好的微单相机。为了更进一步提升影像品质，索尼进行了非常大胆的技术革新，第一次将背照式传感器技术用于微单相机。

A7RM2使用了35mm全画幅Exmor R CMOS背照式影像传感器，有效像素约为4,240万，分辨率比A7RM2更高。低通滤镜可以去除摩尔纹，但是会降低影像的锐度。因此为了实现最优质的画质，A7RM2同样没有配置光学低通滤镜。背照式影像传感器的最大优势在于提高了光线的收集能力，由此带来更好的动态范围和更强的噪点控制能力，使得A7RM2特别是在低照度的拍摄条件下显著提升成像质量。

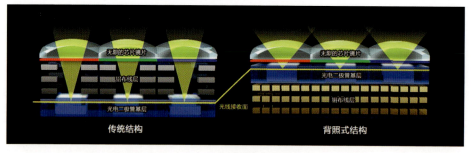

Exmor R CMOS背照式影像传感器拥有更好的光电转化性能

3.1.2背照式影像传感器

背照式影像传感器具有革命性的意义。在传统的影像传感器中，入射光线首先穿过微透镜和色彩过滤阵列，然后进入金属布线层，最后到达硅衬底中的像素阵列。在每个像素中存在将光信号转换成电信号的光电二极管，并且每个像素还包括用于对电荷进行放大的晶体管、将电荷传输到信号处理单元的晶体管，以及起复位作用的晶体管。在这些晶体管之间、在每个像素之间用金属布线进行互连。随着传感器分辨率的提高，像素的尺寸越来越小。这样的结果是传感器表面的金属布线层更加密集并且层数更多，部分光线在穿透过程中被金属布线层反射回去。并且由于入射角度的限制，部分光线不会被像素阵列捕获。这样显著地减少了可以被收集的光线，直接影响了传感器的动态范围、信噪比等诸多重要指标。此外，在电子元件内部多次反射的光线能产成串扰。尽管改进的微透镜技术，例如索尼的无间隙微透镜，可以用来提高光线的收集，但是其增加量远不能与损失量相比较。

在背照式影像传感器中，金属布线层和像素的位置发生了互换，光线在穿过微透镜和色彩过滤阵列之后就进入光电二极管被转换成电信号。这样的结构改变的另一个好处是改善了角度响应，即光线不必直射进像素，光电二极管几乎可以收集任何角度的入射光线。影像传感器的填充因子（能够被捕获的光线的比例）可以接近100%。这样可以带来更好的动态范围、更高的信噪比，即高*ISO*下抑制噪点的能力将更强，相机具有更好的高感性能。因此，传感器结构的革新实现了画质的提升。特别是在低照度的条件下，这样的提升将更加明显。

但是，背照式影像传感器的制造工艺存在相当大的技术难度，使得成本增加而且产率降低。背照式影像传感器的像素部分和金属布线层的制造工艺与传统影像传感器基本相同。随后在整个结构的顶部键合硅片并且将其翻转进行减薄处理，由此实现结构的倒置。原本大约*1*毫米厚度的硅衬底被精确减薄到*5～10*微米，即小于原来厚度的*1%*，从而像素部分接近衬底的背表面，从而实现最佳的光线捕捉效果。这里，将减薄工艺作为示例以说明制造工艺中存在的挑战。

[下图：摄影：郑顺景；光圈 f/5.6，快门1/1600s，ISO640；机身：A7M2，镜头：70-400/4-5.6 G]

当A7RM2配备高解像力的镜头来拍摄时，高分辨率的影像能够表现更加丰富的细节。在大光比场景下，动态范围是非常重要的参数。当使用低ISO拍摄时，例如ISO 100，A7RM2可以达到大约14 EV的动态范围，该数值稍微低于尼康D810，但是高于佳能5DsR。在高ISO条件下，例如ISO大于800，A7RM2的动态范围好于尼康D810和佳能5DsR。A7RM2动态范围在高感光度条件下仍能维持在相当出色的水准上，这体现出背照式影像传感器的优势。

A7RM2的感光度为ISO 100～25,600，并且可以扩展到ISO 50～102,400。对于静物摄影、时尚摄影以及风光摄影来说，通常使用的ISO范围在50～400。对于人文纪实、新闻报道来说，可能会用到ISO 800～3,200。A7RM2从低感光度到高感光度都具有相当好的画质，适合各种摄影题材。需要提醒的是在设置A7RM2的感光度时，ISO尽量不要超过3200。对于更高的感光度，其使用场合也相对特殊。比如当拍摄星空或者银河时，通常使用的参数是ISO 3,200或更高，曝光时间20～25秒。这样的长曝光会带来相当多的噪点，如果选择关闭机内降噪，那么噪点问题将会更加严重。对此，索尼通过发布固件更新来试图解决长曝噪点问题。这里需要提醒的是，尽管后期降噪处理可以去除不少噪点，但是前期拍摄时就要使用合适的技术，减少后期处理的难度。

总体来看，A7RM2可以实现具有高分辨率、高感低噪和高动态范围的影像。可以说，索尼A7RM2的画质完全可以达到佳能5DsR和尼康D810的水准，能够代表135画幅的最好画质。

花絮：赵嘉关于背照式CMOS使用评述

A7RM2发布之后，我有机会和它的设计团队见了面，聊了聊关于全画幅微单林林总总的事情。

背照CMOS无疑是A7RM2最重要的亮点。背照式CMOS最大的特点是电路层移到光电二极管后面，这样一方面提高了开口率，可以更好地接收光线，提高了高ISO下的画质。另一方面，实际上电路层的空间也得到了解放，设计更从容了（前文当中应该也已经说得非常清楚了）。

所以，从实际拍摄的结果上看，背照CMOS可以带来更好的高/低ISO画质，可以有更快的读取速度（要不A7RM2的视频功能比前一代怎么提高这么快？）。

那背照CMOS有不足吗？目前看来只有"成本"这一项。索尼的工程师向我解释从目前的技术看，控制光电二极管层上移之后，再要做大面积还是有难度的，所以成本更高。但就目前的价格，和竞争产品相比，还是有竞争力的。

有人担心低ISO不如传统的CMOS好。现在看来这个担心是多余的，这块背照

[右页图]摄影：王建军； 光圈 f/16， 快门 1/4s， ISO50； 机身：A7R， 镜头：FE 24-70/4 ZA]

CMOS在低ISO下画质比原来A7R的那块使用"传统"技术的CMOS更好。

通常来说，像素密度越高，高ISO和动态范围就越差（指相同画幅，大体同一代的产品）。目前无论是索尼还是佳能，在全画幅上做到五六千万，甚至更高像素都不是问题。

目前在高像素135数码相机领域和A7RM2竞争的只有佳能的5Ds/5DsR姊妹相机。

2015年2月，佳能5,000万像素的 5Ds/5DsR出来之后，我对它们的担忧主要有两个，一个是采用相同CMOS技术的7DⅡ的高ISO画质很差（其实色深和动态范围也不太理想），5Ds/5DsR能有多少改善？另一个是关于镜头的问题（这个后面还要再讲到）。

目前看来5Ds/5DsR的高ISO依然不是太理想，有人抨击它的高ISO回到了5DⅡ水平（当然，5DⅡ的高ISO也不是不能用）。反正这么说……确实有点刻薄了。我只能说，5Ds/5DsR不是为高ISO下使用设计的。

对此，索尼工程师的理念是，A7RM2要做到分辨率、高ISO和动态范围的统一提升。出一台像素超越5Ds，接近甚至超过6,000万像素的机器对于索尼来讲是轻而易举的事情，但想要同时在高ISO画质、动态范围、色彩上全面超越原来的A7R就不可能了。他们还是觉得目前索尼的A7RM2已经是综合画质最好的相机。

［下图：摄影：吴咢；光圈 f/8，快门1/80s，ISO100；机身：A7RM2，镜头：EF 24-70/2.8 Ⅱ］

[上图］摄影：谢墨；光圈f/4，快门15s，ISO2000；机身：A7RM2，镜头：FE 16-35/4 ZA]

再者，索尼的工程师坚持说，索尼本身就是全球CMOS第一厂家了，所以不需要做数据上看起来很炫的CMOS。A7系列不会追求变态的极致，目标还是更小、更轻巧的高素质相机。

多说一句，因为从销量上看，目前索尼的相机CMOS排全球第一，包括佳能、尼康大量的数码机器都使用索尼生产的CMOS；从技术上看，索尼还生产53.7mm×40.4mm画幅，高达1亿像素的CMOS给多家中画幅相机厂家使用……所以他们觉得自己已经是第一了，这个说法倒也没错。

说回到分辨率、高ISO和动态范围的三个统一，事实上，这块背照CMOS的动态范围比之前的更好，所以才有在ISO 800下的S-Log2，比A7S又有进步。

花絮：噪点的来源

噪点来源于影像传感器和处理器产生的噪声。噪声主要有固定模式噪声和随机噪声两种形式。固定模式噪声在空间上是固定的，在CMOS影像传感器中主要来源于在晶体管内部的暗电流以及像素的放大器的失调波动，可以通过增加噪声抑制电路来去除。随机噪声在位置上不固定，可以通过多帧降噪来处理，即通过拍摄多张相同图片进行统计上的平均化处理来去除。

3.1.3 主流画质呈现

作为A7系列中最均衡的机器，A7M2配备了有效像素约2,430万的35mm全画幅Exmor CMOS影像传感器以及先进的BIONZ X影像处理器。

在A7M2的影像传感器中，对微透镜组件进行了深度优化。通过使用无间隙微透镜技术，影像传感器能够收集更多的光线，有助于实现更好的动态范围和更高的信噪比，改善影像的宽容度。边缘微透镜倾斜技术能够提高边缘成像质量以及修正暗角现象，特别是在使用广角镜头的情况下。

影像传感器和影像处理器执行信号的转换和处理，在此期间会产生大量的噪声，从而使影像的质量恶化。因此对信号进行两次降噪处理可以得到相当干净的影像。

索尼A7M2

然而，相比于定位为微单旗舰的A7RM2，A7M2的画质还是稍逊一筹。首先，A7M2的分辨率不如A7RM2和A7M2。A7M2的有效像素约为2,430万，低于有效像素约3,640万的A7R和约4,240万的A7RM2。其次，A7M2影像传感器的前面配备了光学低通滤镜，因此会影响最终成像的锐度。A7R和A7RM2去除了光学低通滤镜，因此影像的锐度会高于A7M2。不过去除光学低通滤镜以后会产生摩尔纹，这些摩尔纹一定程度上可以通过后期软件处理来消除。在高感光度的条件下，A7M2的动态范围和对噪点的控制能力都要弱于A7RM2，当提亮暗部后图像上会出现相对更多的噪点。另外A7M2的色深度会相对差些，这会影响后期对色彩的处理。

不过A7M2是一台性能非常均衡的相机，完全可以满足大多数摄影用户的日常拍摄题材，诸如风光摄影、室内摄影、新闻报道、人文纪实等。最吸引人的是A7M2具备五轴防抖功能，可以提供补偿多达4.5挡的快门速度。因此在弱光低照度的拍摄环境下、需要移动追焦的拍摄题材中（诸如体育摄影或者野生动物摄影），A7M2能够带来稳定、清晰的影像。

考虑到A7M2相对便宜的价格、均衡的性能、适合多样题材的属性，面对这样的一款微单相机你是否已经心动了呢？

[右图]：摄影：吴骋；光圈 f/8，快门 1/100s，ISO200；机身：A7RM2，镜头：FE 28-70/3.5-5.6]

花絮：关于RAW压缩算法

索尼A7系列早期的RAW格式使用了压缩算法存储，在某些光比非常大的情况下，会造成画质的损失。这导致一些追求极限画质的风景摄影师的不满。

A7RM2发布之后，又过了几个月，索尼通过固件升级的方式提供了无压缩RAW格式。A7RM2菜单内出现了"RAW文件类型"，里面有"已压缩"和"未压缩"两个选项。之后其他部分A7系列机型也可以通过固件升级使用无压缩RAW格式。

其实使用压缩算法（"已压缩"类型）不一定导致画质下降，不过，这件事情说清楚比较复杂，我们可以专门写篇论文讨论，就不在这本书里展开了。

只说结论：建议在大光比下使用"未压缩"，也就是无压缩的RAW格式。非大光比下，比如阴天的柔和光线下拍摄人像之类的，两者画质无任何差别。

但A7系列压缩后的RAW格式和没有压缩的文件比，差不多只有一半大。所以如果你很珍惜存储卡的空间，可以考虑使用压缩RAW格式；不考虑存储卡空间，一律用无压缩RAW格式吧。

3.1.4 多面能手

A7S Mark II（简称A7SM2）的有效像素仅为约1,220万，远远低于有效像素约4,240万的A7RM2，也低于有效像素约2,430万的A7M2。分辨率是指单位面积上的像素点数，外在表现为对影像细节的表现能力。分辨率越高，影像越精细。然而，分辨率的高低不是判断画质好坏的决定性因素。

不同的微单市场定位不同，针对的用户群体也有所区分。A7SM2具有非常鲜明的特点。

首先，A7SM2的与众不同之处在于感光度范围：ISO 100～102,400，并且还可以扩展至ISO 50～409,600。这样的高感光度范围可以清晰地呈现微弱光照环境下的每个细节。在降低了像素密度之后，可以非常好地控制噪点。原因在于单位像素能够接收更多光子，在本底噪声相同的情况下，可以增大信噪比。在低照度的环境下，为了保持

索尼A7SM2

快门速度通常会提高感光度。从技术上讲，其实就是提高信号放大器的增益。简单地说，就是原有的放大倍数再乘以一个常数。如果原本信噪比就很好，那么放大以后效果必然也很好。所以A7SM2的高感画质是非常突出的。

[上图：索尼官方样图；光圈 f/5.6，快门1/80s，ISO6400;机身：A7SM2，镜头：70-400/4-5.6 G II]

其次，A7SM2具有A7系列最强大的视频功能。A7SM2支持以全像素读取的方式录制高比特率4K（QFHD：3,840×2,160）视频，并且可以将视频以XAVC S格式记录在存储卡上。除了伽马曲线S-Log2之外，A7SM2还增加了伽马曲线S-Log3。与S-Log2相比较，S-Log3具有更好的暗部对比度，中间影调（18%灰）更加明亮，并且动态范围扩展约1.5挡。另外，A7SM2添加了新的色彩空间S-Gamut3和S-Gamut3.Cine。S-Gamut3.Cine类似于数字电影的底片扫描，与S-Log3结合后在色彩调整方面具有更大余地。

A7SM2同样配置了五轴防抖功能，可以提高拍摄的灵活性。即使没有稳定的支撑，用户依然可以手持相机完成拍摄。五轴防抖最高补偿约4.5挡的快门速度，为获得清晰的影像提供了最有力的保障。

在拍摄静态图像或者动态视频时，暗光环境有时是不可避免的。这时应该充分利用A7SM2影像传感器的高感光度范围，再结合实用的五轴防抖功能，从而顺利完成高品质图像或者视频的拍摄。

如果要给A7SM2加上标签，高感和视频是最恰当的概括。

（更多视频专业内容，请查阅本书第7章）

[后页图：索尼官方样图；光圈 f/5.6，快门1s，ISO25600；机身：A7SM2，镜头：FE 90/2.8 G]

花絮：关于静音功能

静音快门功能，最早出现在A7S上，现在A7RM2上也有，可以做到完全无声的拍摄。这个功能非常适合拍摄某些人文类题材，可以尽量不打扰别人，不过你要忍受画质从14bit降到12bit。音乐会之类的真正需要无声拍摄的场合也非常需要这种功能。

不过坦率地说，我自己很少用，我通常会愿意花多些时间跟被拍摄者沟通，交上朋友，让他们无视我的拍摄，加上A7RM2的快门声音本来就比较小，我不太觉得快门声音是个问题。

3.2对焦性能

最常用的自动对焦方式是相位自动对焦和对比度自动对焦。微单相机基本上使用结合相位自动对焦和对比度自动对焦的混合自动对焦，或者仅使用对比度自动对焦。

索尼微单的CMOS影像传感器上分布排列着若干相位差检测像素，用来执行相位检测的功能。然而，在单反相机中，相位检测是通过位于反光板下方的单独AF模块执行的。因此索尼微单的相位检测方式与单反相机存在着显著的不同。相位自动对焦的优势在于对焦速度快，不过对焦精度不是特别高。

对于对比度自动对焦而言，它的优缺点差不多与相位自动对焦相反。对比度自动对焦能够实现高精度的对焦，对焦范围更加灵活，并且弱光下的对焦效果更好，但是对焦速度相对较慢。为了确定反差最大的位置，必须前后移动镜组进行反复的比较，因而减慢了对焦速度，同时计算量的增加导致了更大的系统功耗。

如果将相位自动对焦和对比度自动对焦相结合，那么可以实现优势互补的效果，即对焦不但迅速而且准确。混合自动对焦的工作方式通常是：相位检测自动对焦能够使相机对焦距产生正确的估计并且迅速移动镜片组使得拍摄物体接近合焦，随后高精度的对比度检测自动对焦完成最终的合焦。

索尼的混合对焦系统通过提高CMOS上的相位对焦点和
机内反差检测算法的协同度来提高对焦性能

A7M2采用了增强型混合自动对焦，117个相位检测自动对焦点和25个对比度检测点能够快速和准确地识别对焦的方向和目标。相比于同样采用增强型混合自动对焦的A7，A7M2的对焦速度提升了30%。对于拍摄快速移动的物体，A7M2跟踪对焦的准确度也提高了不少。另外，连续自动对焦锁定的功能能够在拍摄主体的特征和尺寸发生变化时，自动调整目标框的大小来跟踪主体完成合焦。不过A7M2在使用转接环转接非E卡口镜头时，只能使用对比度自动对焦，因而对焦速度比较慢。

A7R只采用了对比度自动对焦，对焦速度比较慢，不适合需要快速对焦或者追焦的拍摄题材，诸如体育摄影、野生动物摄影。A7RM2进行了全新的升级，具有A7系列最好的对焦系统。A7RM2的混合自动对焦系统使用了399个相位检测点和25个对比度检测点，覆盖了更广更密集的区域，能够进行更快更准的自动对焦。另外，A7RM2在转接非E卡口镜头时也可以使用相位检测自动对焦，从而显著提高了对焦速度。

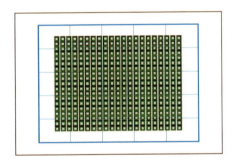 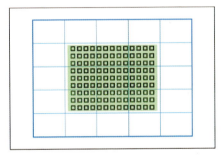

左图为A7RM2的399点对焦系统，右图为A7M2的117点对焦系统

在低光照的环境下，无论是拍摄静态图像还是动态影像，A7SM2的对焦速度在感觉上并不慢，这或许得益于A7SM2的影像传感器，其出色的高感光度和低噪点表现能够实现准确的对比度检测。

3.3 五轴防抖

在很多情况下，摄影师可能没有条件使用三脚架进行拍摄。当手持相机进行拍摄时，难免会抖动。例如，当手持长焦镜头进行拍摄时，从取景器中就可以看到画面的摇摆抖动。即使这样的抖动非常轻微，但是已经足够使图像细节产生模糊，特别是在相机像素越来越高的情况下。这也相应提高了对手持拍摄的安全快门速度的要求。

为了最大限度地降低抖动的影响，索尼开发了针对全画幅传感器系统的五轴防抖技术。所谓的五轴防抖指的是左右摇摆防抖、上下摇摆防抖、横向位移防抖、纵向位移防抖和旋转防抖。五轴防抖功能能够迅速检测并且修正这些抖动，最高可以补偿约4.5挡的快门速度。防抖的效果可以通过液晶屏或者电子取景器直接查看。

五轴防抖系统除了稳定影像外,它也可以用于CMOS的震动清洁

当使用具有光学防抖功能(*OSS*)的*E*卡口镜头时,机内防抖设置无须关闭。基于对镜头的自动识别,相机将选择使用哪种防抖系统。通常,光学防抖功能(*OSS*)和五轴防抖功能会共同起作用,镜头提供左右摇摆防抖和上下摇摆防抖,机身提供另外三种防抖。

当通过第三方转接环来转接具有防抖功能的镜头时,例如转接佳能*EF 70-200mm F/2.8 L* II *IS*镜头,机身和镜头之间无法进行信息交换,机身无法识别镜头是否具有光学稳定系统,并且镜头也无法知道相机正在尝试提供防抖。这时应该关闭镜头防抖以避免过度补偿。

当使用没有光学防抖功能(*OSS*)的*E*卡口镜头或者转接没有防抖功能的镜头时,即使转接的镜头非常古老,通过机身内置的五轴防抖技术也能实现防抖。不过要注意,转接之后的防抖效果相对一般,大概只能补偿一两挡快门速度。

五轴防抖系统不但支持静态图像,同时也支持动态视频。在手持拍摄视频时,五

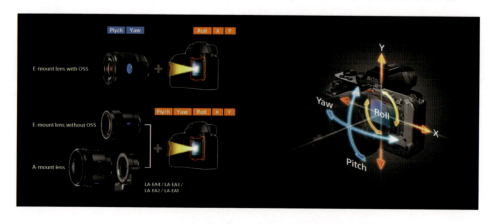

五轴防抖系统会根据镜头是否具备光学防抖功能而进行防抖优化

轴防抖功能可以有效地修正旋转抖动，从而带来更大的拍摄灵活性。

当然，在使用三脚架进行拍摄时，机内和镜头防抖设置应该关闭以免影响画质。

3.4 综合性能

自从2013年10月索尼发布全画幅微单A7和A7R之后，目前一共有两代六款不同型号的全画幅微单。相比于第一代全画幅微单A7、A7R和A7S，第二代全画幅微单A7M2、A7RM2和A7SM2在外观设计上有所不同并且综合性能也有显著的提升。全画幅微单新旗舰A7RM2的发布尤其引人瞩目。

第二代微单相机A7M2、A7RM2和A7SM2都搭载了五轴防抖功能，因此它们的机身相应地要更加厚实。手柄部分变得更加突出，以使得持握相机更加舒适和稳固。此外，第二代微单相机针对顶部按键和转盘的布局进行了重新设计，并且增加了一个自定义功能按键。

为了更细腻、更清晰地呈现所拍摄的影像，第二代微单相机的液晶显示屏的分辨率从92万像素升级到123万像素。同时，液晶显示屏的可翻折角度也更大，以使得针对特殊拍摄题材或者在特殊拍摄场合下的使用更加方便。

[下图：摄影：赵嘉；光圈f/11，快门1/30s，ISO100；机身：A7RM2，镜头：Batis 25/2]

A7和A7M2

作为A7系列中性能最为均衡的两款微单，A7和A7M2都搭载了有效像素约2,430万的35mm全画幅Exmor CMOS影像传感器；对焦系统为增强型混合自动对焦，具有117个相位检测点和25个对比度检测点；连拍速度约为5张/秒；感光度范围都是ISO 100～25,600。

A7机身前面板的材质是工程塑料，而A7M2的机身全部使用了轻质、高强度的镁合金。另外A7M2的卡口也改用金属材质，从而提高了与镜头对接的牢固程度。

A7M2比A7的对焦速度提升了约30%，跟踪对焦的准确度基于优化的算法提高了约1.5倍。A7M2最突出的升级是增加了五轴防抖功能，在搭配原厂镜头时最高可以补偿约4.5挡快门速度。在视频拍摄方面A7M2增加了对XAVC S格式的支持。

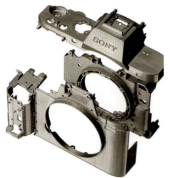

五轴防抖和全金属框架的机身是第二代产品最重要的升级

A7R和A7RM2

从A7R到A7RM2的更新升级体现了微单相机的巨大进步，A7RM2集中了索尼诸多最新的技术。作为全画幅微单新旗舰，A7RM2搭载了有效像素约4,240万的35mm全画幅Exmor R CMOS背照式影像传感器。这款革命性的影像传感器带来的积极效果也是显而易见，提高了高感光度下的动态范围以及增强了噪点控制能力。为了实现更好的画质，A7RM2也取消了低通滤镜。

A7RM2采用了增强型混合自动对焦，399个相位检测点和25个对比度检测点覆盖了更广、更密集的对焦区域。相比于只采用对比度自动对焦的A7R，A7RM2的自动对焦速度显然更快。另外，A7RM2的转接自动对焦速度虽然与原厂机身还有差距，但是已经是A7系列中最快的了。A7RM2的连拍速度约为5张/秒，而A7R的连拍速度约为4张/秒。

A7R不支持电子前帘快门，快门时滞非常明显。另外，A7R的快门声音很大。A7RM2在这些方面进行了改进，其效果令人满意。它使用了电子前帘快门，这样能够缩短快门时滞。并且A7RM2对机械快门组件进行了重新设计，减小了快门声。A7RM2还可以静音拍摄，一些特殊的拍摄场合非常需要这项功能。

A7RM2的感光度范围可以扩展到102,400。针对全画幅微单研发的五轴防抖技术也应用于A7RM2。这两项的结合提高了在低照度环境下手持拍摄的成功率。

A7RM2在动态视频方面的提升也非常明显。A7R能够以AVCHD格式录制1080P的动态视频，而A7RM2支持XAVC S格式录制4K动态视频。这对于同样注重拍摄高清视频的摄影用户来说，A7RM2的综合性能真的是非常强悍。

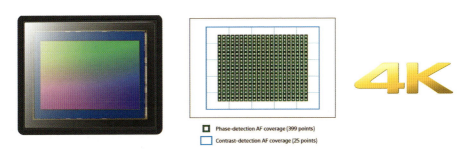

作为旗舰产品A7RM2的高像素、优异对焦性能、对于4K视频的支持都是亮点

A7S和A7SM2

A7S和A7SM2的有效像素都只有约1,220万，但是配合这两款微单的CMOS影像传感器具有高感光度范围和低噪点成像表现。这两款微单的感光度范围是ISO 100～102,400，并且可以扩展到ISO 409,600。

A7S需要通过外接第三方4K记录仪才能录制4K视频。A7SM2不仅支持4K视频直接录制，而且增添了伽马曲线S-Log3和色彩空间S-Gamut3、S-Gamut3.Cine，具有A7系列中最强大的视频录制功能。

花絮：A7系列到底买哪台？

我个人觉得，其实A7RM2也很适合入门者。体积小，EVF取景器很适合初学者学习曝光，综合性能又很强，一台机器足够你拍到达到职业摄影师水准，不用再考虑折腾换相机的事情。

当然，如果你觉得A7RM2超出你的预算，A7是最好的选择。其实对于摄影爱好者来说，无论是入门相机或者器材升级，我都觉得还是一步到位上全画幅比较靠谱。

目前全画幅相机里的第一超值选择无疑还是索尼A7，才5,000多元，镜头的选择从套机开始就很好，全画幅的画质远超任何非全画幅的单反相机，体积还更轻小，尤其适合旅行拍摄。以后你想升级到A7RM2，A7还可以当作备机。

[后页图] 摄影：赵鑫；光圈f/8，快门1/40s，ISO80；机身：A7R，镜头：FE 35/2.8 ZA]

器材推荐

Vario-Tessar T* FE 16-35mm F/4 ZA OSS

　　Vario-Tessar T FE 16-35mm F/4 ZA OSS*是恒定光圈的超广角变焦镜头，它的超广视角能够带来强烈的视觉冲击力，非常适合于风光、建筑、新闻摄影。这是目前针对索尼微单的最好的超广角变焦镜头。

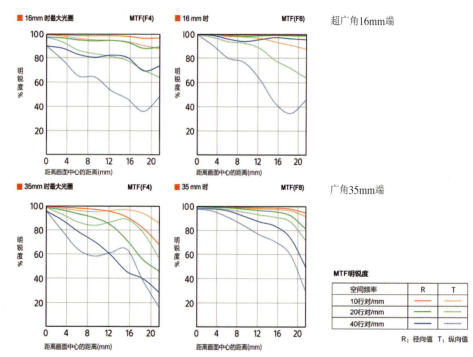

驾驭超广角变焦镜头并不是易事，首先要注意透视关系。超广角变焦镜头会带来夸张的透视效果，比如狭小的空间会被视觉扩大、姑娘的身材显得更加修长（记住，视角要够低啊）。主体越接近镜头就会越大，越远离镜头就会越小。当主体位于镜头的边缘时会出现明显的透视畸变。因此，使用超广角变焦镜头时，要避免主体出现在镜头的边缘。透视是一门学问，它考验你的美学感知，决定影像的成败。所以，当你透过镜头去观察画面时，一定要处理好透视关系。

其次，需要思考构图。恰当的构图能够更好地表现画面元素的空间关系，体现层次感和立体感。由于超广角的视角极其宽广，它可以收纳周围环境中的庞杂元素。另外，不是视角越广画面越美，过多的画面元素会分散表现力。因此必须对画面元素进行筛选，并且合理有序地安排。在拍摄风景的时候，要处理好前景、中景和远景。前景可以平衡画面，引导视线，使影像更加生动；中景连接前景和远景，实现了自然的过渡；远景能够更加凸显风景的波澜壮阔。

的确，超广视角可以带来视觉上的震撼，但是如果你每次都不假思索地使用超广视角来拍摄，那么一切都会变得乏味和平庸。

Vario-Tessar T FE 16-35mm F/4 ZA OSS*保持了蔡司镜头的扎实手感，整体材质是

［后页图：摄影：程斌，光圈 f/5，快门4s，ISO400；机身：A7M2，镜头：EF 16-35/4 ZA］

金属。这支镜头采用了外变焦设计，当变焦环从35mm转向广角16mm时，镜头会向前伸出镜筒。值得一提的是当镜头上仰时，已经伸出镜筒的镜头不会缩回镜筒，抑或是当镜头下垂时，镜头不会伸出镜筒。这样的抗重力设计使得镜头能够在仰拍或者俯拍时精确地保持焦距。镜头具有整体的防尘防滴设计，所以在相对恶劣的拍摄环境下可以不必担心镜头进灰进水的问题。

这支超广角变焦镜头的光学设计采用了Vario-Tessar结构，具有高解像力的特点。一片高级非球面镜和四片普通非球面镜可以非常好地修正超广角和大光圈产生的各种像差并且控制畸变，三片ED低色散镜片能够消除色差。此外蔡司的T*镀膜技术能够有效地提高镜头的抗眩光能力，并且增强了色彩表现力，具有更好的层次过渡。镜头配有莲花瓣状的遮光罩，以进一步减少眩光和鬼影的影响。

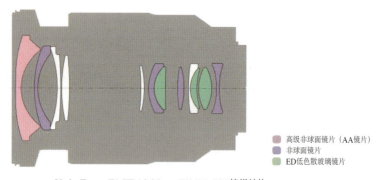

Vario-Tessar T* FE 16-35mm F/4 ZA OSS镜组结构

从蔡司公布的MTF曲线来看，在16mm F/4的情况下，无论是中心还是边角均具有优异的反差，而锐度从中心到边角略有下降；当光圈缩小到f/8时，边角和中心的反差和锐度基本相当。在35mm F/4的情况下，边角的反差和锐度相比中心均下降明显，当光圈缩小到f/8时，边角和中心的反差比较接近，但是边角的锐度的改善不够明显。这支超广角变焦镜头对畸变控制得相当不错，在16mm端略有桶形畸变，而到35mm端畸变几乎可以忽略。超广角变焦镜头的另一个问题是暗角，从使用情况看16mm端光圈全开会有暗角，收小一挡光圈后明显改善。

总体来看，这支超广角变焦镜头成像锐利、反差较高，对焦非常安静而又迅速。但是，对于在新闻摄影中希望使用大光圈来突出环境中的人物主体、在星空摄影中希望使用大光圈来减少曝光时间等这些特定题材的摄影活动而言，f/4的光圈毕竟还是偏小了一点。不过这支超广角变焦镜头具有OSS镜头防抖技术，可以提高在弱光环境下手持拍摄的成功率。

Vario-Tessar T FE 24-70mm F/4 ZA OSS*

Vario-Tessar T FE 24-70mm F/4 ZA OSS*是恒定光圈的标准变焦镜头。标准变焦镜头的焦段从广角延伸到中长焦。无论是职业摄影师还是普通的摄影爱好者,标准变焦镜头都是使用率最高的几支镜头之一,其非常实用的焦段和较为出色的成像质量,足够应付大多数的拍摄题材。当你使用标准变焦镜头时,似乎一切都尽在掌握之中,广角视野可以收纳宽广的场景,中长焦段可以抓取局部的细节。即便你是摄影初学者,标准变焦镜头能让你迅速体会到摄影的乐趣。

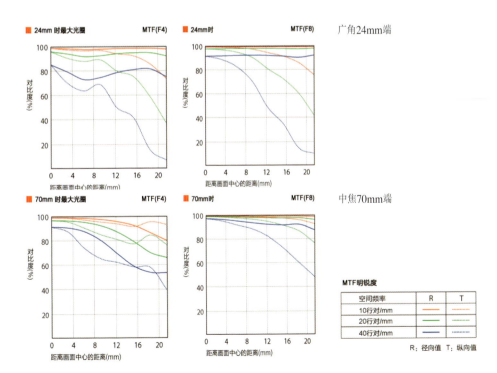

这支镜头对于风光摄影尤其有价值。当然，最近二三十年超广角很受欢迎，但过广镜头拍摄的照片因为和人类视觉习惯差别比较大，常会给人"镜头化"的强迫感受，如果你追求更深邃的情感表达，对此需要更谨慎一些。对于影像风格比较"传统"的摄影师来说，24~70mm焦段涵盖了他们的大多数需要。

与Vario-Tessar T* FE 16-35mm F/4 ZA OSS的设计类似，Vario-Tessar T* FE 24-70mm F/4 ZA OSS这支镜头同样采用了外变焦内对焦的设计。对焦马达驱动镜头的后组镜片，实现快速的对焦。

这支镜头采用了Vario-Tessar的光学结构，具有高解像力、较高的反差和锐度。在10组12片的光学结构中，靠近光阑的4片非球面镜用来修正像差以提升大光圈成像的反差，在第1组镜片后的1片非球面镜用来控制畸变，1片ED低色散镜片可以校正色差，T*多层镀膜能够带来提升的抗眩光效果。这些镜头的优化设计保证了高质量的成像。在广角端光圈全开时，中心和边缘均有相当不错的反差和锐度。在长焦端光圈全开时，边缘的锐度稍显不够。当收小光圈后，各种残余像差减小，反差和锐度能够进一步提升。并且由于彗差的减小，边缘成像质量得到改善。

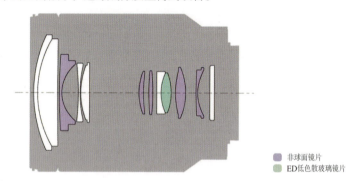

Vario-Tessar T* FE 24-70mm F/4 ZA OSS镜组设计

从广角端到长焦端，这支镜头在光圈全开时都存在比较明显的暗角，收小两挡光圈后能够完全消除暗角的影响。在广角端，能够观察到比较明显的桶形畸变，而在中焦和长焦端，可以察觉出一定的枕形畸变。

这支镜头的光圈不够大，在需要景深变化来强调现场感的情况下表现力不够强烈。不过OSS防抖技术能够弥补在弱光环境下拍摄时由于最大光圈小快门速度低而使影像模糊的问题。

总体而言，这支镜头小光圈下的画质很可靠，色彩尤其吸引人。另外，这支镜头整体防尘、防水、密封性能优异。如果你热爱旅行，那么它会很适合你。旅途中不期而至的风雨不会阻挡你拍摄的热情，要知道恶劣天气容易出好片。例如，当你遇到突如其来的雷雨时，等到雨停云开之时，或许你就能立刻拍到美丽的彩虹。

[右页图]摄影：王建军；光圈f/16，快门4s，ISO100；机身：A7R，镜头：FE 24-70/4 ZA]

第4章 谢墨与艺术摄影

引言

著名摄影师谢墨的兴趣十分广泛，风景、舞者、海底、佛教、旅行等主题都有涉猎，近年来他更热衷于用自己感兴趣的题材找回"自己"，慢慢地淡出商业摄影的圈子。微单系统对于他来说就是这样的一个途径和工具，拍摄个人化的题材，感受生活和旅行本身的美。

采访：对话谢墨

吴穹：您以前从事商业摄影，也进行艺术摄影。请问您最近的拍摄重心放在哪里？

谢墨：我从2006年开始，已经慢慢地淡出商业摄影圈子。因为我总觉得老是帮别人拍东西，最后会慢慢失去自己。所以从那时起，我就想拍一些让自己开心、个人比较喜欢的题材，比如说风景、舞者、海底、佛教还有旅行之类的主题。这样相对来说自由一点，也许赚钱可能比较少，但是幸福指数比较高。

比如2015年我就去了日本、菲律宾、泰国、冰岛、格陵兰岛、意大利和瑞士，还有美国西部、关岛、密克罗尼西亚。中国国内我去了新疆克拉玛依、海南和澳门。我喜欢拍摄与海或者舞者有关的题材，所以我去的那些地方大多也是与这些题材有关。

吴穹：也就是说，您现在主要是拍摄一些个人的专题对吧？那在拍摄的过程当中主要使用A7系列微单相机，还是使用单反呢？

谢墨：旅行摄影的话用A7系统是很合适的，因为很轻便而且画质也很不错，综合能力很强。但在拍摄舞者时我使用得比较少，因为我感觉在捕捉瞬间的能力上它与单反还有一点点差距。

吴穹：您指的是A7RM2的对焦还是连拍性能？

谢墨：我拍摄舞者时并不用连拍，许多人认为一秒十多张的连拍一定能抓住最好的瞬间，但是我觉得我只需要一张照片。A7RM2的问题在于快门迟滞比较长，甚至不如奥林巴斯的无反相机。奥林巴斯的快门方面做得非常好，我觉得既然索尼收购了奥林巴斯的相机业务，就应该借鉴一下相关技术。

[右页图］摄影：谢墨；光圈 f/4，快门1/25s，ISO1600；机身：A7RM2，镜头：FE 16-35/4 ZA］

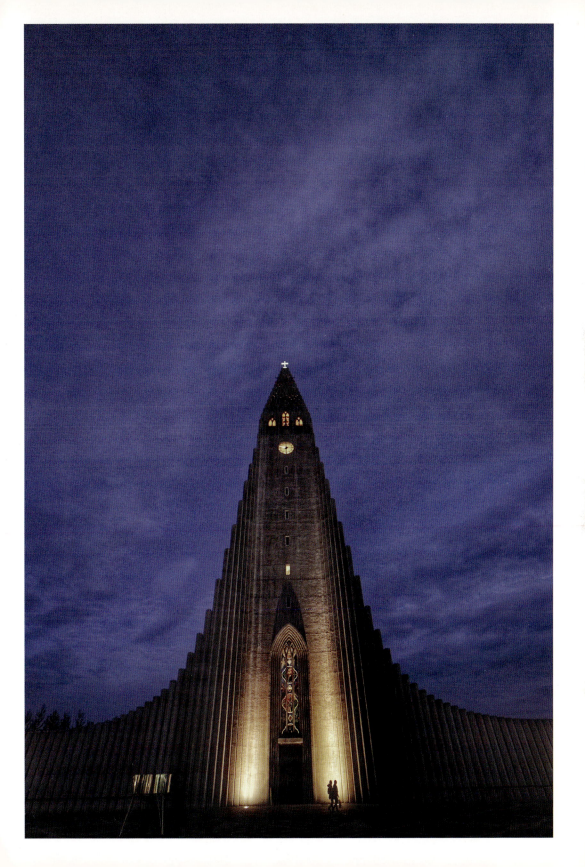

吴穹：我也在使用A7RM2相机，这确实是个不大不小的问题，特别是在街拍或者遇到突发事件时会有一定的影响。我知道您也擅长潜水摄影，那么您有尝试使用A7RM2进行拍摄吗？据我所知孙少武老师现在几乎都使用它来进行水下的拍摄。

谢墨：对，他有尝试使用A7系列进行拍摄，但我还是在坚持使用单反相机进行拍摄。我还用过奥林巴斯，感觉不错，但是现在我的主力依然是单反，主要原因还是在于单反相机对焦方面的优势。另外，如果到了一些环境比较恶劣的地方或者是涉及野生动物摄影方面，我还是喜欢使用单反相机，索尼系统的长焦镜头群也比较少。

吴穹：现在许多自然生态摄影师也将微单系统用作备用机。比如有的职业野生动物摄影师利用A7S的优异高感性能配合 *Vario-Tessar T* FE 16-35mm F/4 ZA OSS*。在拍摄植物和一些小昆虫或者爬行动物时，*FE 90mm F/2.8 G OSS* 微距镜头也十分不错，但是在长焦方面确实微单短时间没法替代单反。

那您现在使用索尼A7微单系统主要使用哪些相机和镜头？

谢墨的日常拍摄用器材

谢墨：除了A7RM2还有一台A7S，而我的镜头基本是原厂的*Vario-Tessar T* FE 16-35mm F/4 ZA OSS*、*FE 70-200mm F4 G OSS*和*Sonnar T* FE 55mm F/1.8 ZA*。我还有一支A卡口的*Distagon T* 24mm F/2 ZA SSM*，不过我很少使用它。我还有两支老镜头用来玩一些特殊的效果，一支是*Angenieux 50mm F/1.8*，另一支是*Carl Zeiss Contaflex Distagon 32mm F/2.8*。这些镜头中最常用的是*Vario-Tessar T* FE 16-35mm F/4 ZA OSS*，相比佳能同规格的镜头感觉差不多。

吴穹：除了A7系列微单，您还使用其他哪些器材？

谢墨：在商业方面我还在使用哈苏相机，特别是在一些画作翻拍的工作方面，哈苏数码后背所能还原的质感是无与伦比的。最近有个著名画家让我教他如何翻拍画作，我使用佳能*5DsR*、索尼*A7RM2*和哈苏*H4D-50*相机拍摄同一幅画。在拍摄对比之后，这位画家马上问我哈苏*H4D-50*要多少钱。当时我的*5DsR*搭配的是蔡司*Otus 55mm F/1.4*镜头，索尼*A7RM2*搭配的是施耐德*Xenon 75mm F/2*镜头，但它们对比4年之前的哈苏相机还是完败。

谢墨的中画幅器材搭配

吴骋：毕竟是两个不同类型的相机。赵嘉老师去年在西藏题材的拍摄里也同时用 A7RM2 和哈苏 H5D-50c，在拍摄之后对比，无论是画面的质感和色彩深度都是哈苏 H5D-50c 好得多。虽然 A7RM2 搭配微单轨进行 9 张接片的像素很高，但是色彩没有数码后背那么好。不过在价格上 A7RM2 便宜许多，基本是哈苏 H5D-50c 的 30%，作为一个相对廉价的解决方案还是不错的。

那您在使用 A7RM2 中有没有遇到过什么问题？

谢墨：我觉得它的电池总是不够用，所以我现在每次出去都带 5～6 块电池。在一些充电不顺畅的地方尤其必要。另外，我使用的是无损 RAW 格式，因为我不太追求相机的拍摄速度，但是它的存储时间好像特别长，相比单反相机要长不少。我现在比较担心它的存储速度跟不上我的拍摄速度。我拿 A7RM2 拍过舞者和鸟，面对连续猛按快门的情况它的表现很要命，所以我下次就很慎重了。

吴骋：我在棚拍时也不敢使用 A7RM2，因为它的 EVF 取景器有两种模式，一种是开启实时显示效果，能在其中看到景深和曝光变化，关闭之后的效果就类似单反相机。在棚拍时就需要使用 M 挡，但是开启实时效果之后容易对不上焦，而关闭实时效果之后又特别怪，因为它的显示有延迟。

如果一个新手看上了 A7 微单系统，您会怎么给他推荐呢？

谢墨：看他处于什么级别吧。如果是新人，我就推荐他购买一支 Vario-Tessar T* FE 24-70mm F/4 ZA OSS，如果是摄影发烧友建议他购买一套小三元（Vario-Tessar T* FE 16-35mm F/4 ZA OSS、Vario-Tessar T* FE 24-70mm F/4 ZA OSS、FE 70-200mm F/4 G OSS）。

我不推荐新手使用定焦镜头，因为他对于画质可能还没有这方面的认识。如果是对于画质有要求的发烧友可以考虑转接电影镜头或者使用蔡司原厂镜头（Batis 系列），可以方便地用索尼微单上的放大对焦功能。当然佳能也可以放大对焦，不过适合佳能的电影镜头比较少，而且索尼机身的法兰距较小，许多徕卡的镜头都可以在上面使用。

[上页图]：摄影：谢墨；光圈 f/8，快门 1/15s，ISO800；机身：A7RM2，镜头：Angenieux 50mm F/1.8]

[右页图]：摄影：谢墨；光圈 f/2，快门 8s，ISO1250；机身：A7RM2，镜头：Angenieux 50mm F/1.8]

[后页图]：摄影：谢墨；光圈 f/2.8，快门 1/4000s，ISO200；机身：A7S，镜头：施耐德 Xenon 75mm F/2]

微单系统的搭建

摄影器材的价格普遍比较高，不同的规格与性能对应不同的使用需求，所以我们多数人都没有办法像去超级市场购物那样随意选购。每次有读者询问我们应该如何选择器材时，其实我们内心都是纠结的。拍摄题材、购买预算、画面质量的要求都会影响器材的购买。

提问或者自我提问是搭建器材系统的开始。

首先，你需要很明确地知道自己想要拍摄什么题材：人像、风景、纪实、街拍、微距、时尚还是旅行？

当然，我们听到最泛泛的说法是：我想拍拍风景，也想拍拍人文。这么说的同学通常都是真心不知道自己想拍什么，所以什么都想拍。这事儿也有"解药"，后面我们会提到。

如果你很迷茫，那我建议你查看一下自己以前拍摄的照片，看看哪一类照片多，同时还是你觉得能拿得出手与朋友分享的照片。或者可以找找你所认可的摄影师，和

[下图］：光圈 f/8，快门1/2000s，ISO100；机身：A7M2，焦段：50mm】【R】

他讨论，看看你希望未来自己能拍摄哪一类照片。按照这个思路，你基本能够确定自己的选择偏向。额外说一句，你的想法有可能会随着你对摄影了解的增加而改变。这并不可怕，等你真的水平提高，你会发现，器材本身的适应性相当强，只要你技术和眼界提高了，用原有的器材一样可以拍出更好的作品。

第二个问题，其实也可能是最实际且重要的问题，就是你的最大预算是多少。摄影器材当然是"一分钱一分货"，多数专业器材售价都不菲，但还真不是专业器材就一定好用。越充分的预算，可以给你更有弹性的选择空间。选购器材的大致原则是：核心器材"一步到位"，辅助器材"偏向稳定"，数码器材"只求合适，不求最新"。由于多数阅读本书的读者并不以摄影为自己的第一职业，因此建议大家量入为出（这方面需要解毒的同学，建议参考我们出版的《兵书十二卷：摄影器材与技术》一书）。

4.1 初次购买A7的建议

建议先明确拍摄类别和预算。接着你可以参考我们所列出的几个常规拍摄类型的推荐方案来进行选择，当然这并不是唯一答案。

4.1.1 风景&日常生活

针对日常生活及当中的风景，我们通常建议大家选择更高像素的产品，索尼*A7M2*就不错，*A7RM2*则是更优的选择，风景照片的基本要求就是足够清晰、锐利，具备不错的宽容度能够比较好地还原风景中光线的变化。而日常生活的照片则需要更好的自动拍摄性能，帮助你简单、容易地拍摄出一张还不错的照片。

关于镜头，首先应该选择一支变焦镜头——更加方便的拍摄体验对你而言要远比高画质重要。如果你更加偏向于风景拍摄，那么可以毫不犹豫地选蔡司*Vario-Tessar T* FE 16-35mm F/4 ZA*，如果你希望更多地兼顾到日常的人像、小景拍摄，则可以选择蔡司*Vario-Tessar T* FE 24-70mm F/4 ZA OSS*。如果你的预算比较紧，那么就选择*A7M2*机身、索尼*FE 28-70mm F/3.5-5.6 OSS*的套机其实也不错，虽然这支镜头存在比较大的畸变和边缘锐度不足的问题，但这些都完全可以在后期软件当中得到很好的处理。

对于所有的初学者，我们都建议先使用一支镜头，特别是像*24-70mm*这样的标准变焦镜头，它们通常已经能帮助你完成足够多的拍摄题材。长焦镜头、超广角镜头当然也能够给予我们许多特殊的视觉效果，但过早使用这类拍摄的方式和语言，反而不太利于对于透视感及画面结构的掌控，应该给自己一定的学习时间。

4.1.2 扫街&抓拍

"扫街"是许多摄影爱好者拍摄城市纪实类照片的一种方式,由于多数爱好者并没有那么多的机会和时间去人迹罕至的偏远山区、高原等特殊环境中拍摄,因此街头成为了许多人特别愿意拍摄的舞台和创作的素材。扫街这种拍摄,依赖于拍摄者的意识以及具体场景的掌控,同时最好能够精确地捕捉到人们的状态,所以你需要一台便携、高画质的相机镜头组合。

在A7系列所有的机身当中,A7RM2的对焦速度、精度是最好的,同时它还具备相当不错的高感性能。只要不是太过于昏暗的环境,A7RM2几乎都可以胜任。但如果你经常需要在夜晚或者室内环境当中利用自然光拍摄照片,那么A7SM2会更加适合你,虽然它的1,220万像素不够高,但却可以完成其他相机难以完成的任务。

街拍的镜头其实非常容易选择,我们优先推荐Sonnar T* FE 35mm F/2.8 ZA镜头。这支镜头体积很小,同时还兼具不错的画质和优秀的对焦速度,35mm焦段也是纪实类题材的黄金焦段。如果认为35mm对于你的拍摄来说,视角有一点窄,那么你还可以选择索尼FE 28mm F/2镜头。与35mm F/2.8镜头相比,它的整体光学素质会稍逊一筹,但价格更便宜,光圈大了一挡,甚至还有转换21mm的广角附加镜和鱼眼附加镜可供选择。这些都是它独有的特点。

[下图:摄影:张轶,光圈f/4,快门1/60s,ISO1250;机身:A7RM2,镜头:FE 24-70/4 ZA]

如果你觉得以上两支镜头不够广、光圈不够大、画质不够优，我们强烈推荐你试试蔡司推出的 *Batis 25mm F/2* 镜头。

索尼A7M2搭配Sonnar T* FE 35mm F/2.8 ZA和FE 28mm F/2无论综合品质还是价格都很适合

4.1.3 自然生态&野生动物

如果你是一位热爱大自然的摄影爱好者，你一定对于单反相机并不陌生。在野外复杂的环境下，器材需要适应更加多变的环境变化并捕捉稍纵即逝的瞬间，同时拍摄野生动物经常也需要使用大光圈的超长焦镜头来拍摄。针对这些特性，单反相机都很适合，这也是在专业自然摄影领域单反相机占据主要位置的原因。现在，拍摄大环境、生境时，越来越多的自然摄影师愿意尝试使用微单相机来拍摄。

索尼*A7RM2*优秀的画质非常适合用于获取高质量的影像，在光线相对充足的情况下它非常适合拍摄自然场景，或者配合微距镜头、闪光灯拍摄昆虫和植物，即便是手持拍摄，五轴防抖功能也可以提供相当好的稳定性。如果你已经拥有大量的单反镜头，它也是现在最适合于转接自动镜头的微单相机，通常它们只适合转接中焦以下的镜头。当然，如果你经常出没于光线很差的环境，或是也需要拍摄自然纪录片，那么*A7SM2*也是很好的选择。

镜头方面，根据多数摄影师的推荐，首选索尼*Vario-Tessar T* FE 16-35mm F/4 ZA*广角变焦镜头和索尼*FE 90mm F/2.8 G OSS*微距镜头。前者用于在狭小的环境中拍摄植物，或是架设在固定机位上遥控拍摄。后者由于具备*1:1*的放大倍率，锐度和分辨率都极高，搭配*A7RM2*使用可以发挥4,000万像素照片的绝对实力，用于拍摄昆虫、小型植

索尼A7RM2搭配FE 24-70 mm F/2.8 GM 或 FE 90 mm F/2.8 Macro G OSS在复杂的户外环境中使用都是不错的选择

[上图］摄影：程斌，光圈 f/5，快门 1/800s，ISO500，机身：A7M2，镜头：FE 70-200/4 G］

物都不错。而超过200mm的长焦、超长焦镜头方面，我们并不推荐转接使用，一方面对焦不稳定，另一方面微单的连拍速度还是比顶级单反相机差。

4.1.4 人像&纪念照

拍摄人物也是我们经常购买相机的一个主要的原因，例如小宝贝出生、拍摄爱人及朋友等。经常会有读者给我们留言，说家里的小朋友刚出生，希望买一台相机记录他的成长变化。

人像摄影对器材的要求并不高，索尼A7M2就很不错。2,400万像素对于绝大多数摄影爱好者已经足够，集成在CMOS上的177点相位对焦点与25点反差对焦点配合，对焦的速度和精度虽然不如A7RM2那样出色，但依然不错。五轴防抖可以帮助你更加容易地配合中焦镜头手持拍摄清晰的人物照片，除非是特别暗的环境，否则并不需要使用三脚架。

镜头方面我们推荐蔡司Sonnar T* FE 55mm F/1.8 ZA，它不仅小巧，同时还具备极好的光学素质。标头的视角拍摄人物可以更加灵活一些，对于新手来说相对更容易上手，同时对于其他类别的题材也有相当好的适应性。如果你对85mm镜头的视角更加情有独钟，那么索尼 FE 85mm F/1.4 GM或者蔡司 Batis 85mm F/1.8也是不错的选择。无论

人像拍摄首选索尼 FE 85mm F/1.4 GM 镜头，如果觉得85mm视角太窄，或者觉得它体积过大，那么Sonnar T* FE 55mm F/1.8 ZA是更好的选择

是画质还是做工都无可挑剔，镜头自带的光学防抖组件极其优秀，对于基本功较好的拍摄者1/30秒都可以拍摄出清晰的照片。

4.1.5 生活达人

如果你对于生活充满热爱，喜欢拍摄各种身边事物，那么生活才是你的实质，照片只是一个简单的载体。所以，一台让你能够自如使用，能够满足日常需要，且售价平易近人的相机才是你需要的。若是这样第一代的A7就可以了。

[下图]摄影：郑顺景；光圈f/11，快门1/250s，ISO500，机身：A7S，镜头：FE 24-70/4 ZA]

[上图：光圈 f/2.8，快门1/200s，ISO100；机身：A7M2，焦距：50mm]【R】

镜头的选择就因人而异了，如果追求性价比，那么当然是索尼FE 28-70mm F/3.5-5.6 OSS；如果你很希望有非常好的画质，同时满足小巧、通用的特点，蔡司Sonnar T* FE 35mm F/2.8 ZA依然是不错的选择；如果你希望有多变的视角变化，那么索尼FE 28mm F/2搭配广角镜或鱼眼附加镜的配置也是完全可以考虑的，你甚至还可以关注一下"一镜走天下"的FE 24-240mm F/3.5-6.3 OSS。但总的来说，一支镜头就好，多花一点时间研究去发现生活中的趣味点，这比镜头更重要。

FE 28-70mm F/3.5-5.6 OSS和FE 24-240mm F/3.5-6.3 OSS其实都挺值得推荐，前者性价比极高，后者使用极为方便。当然它们的画质都一般，需要大量的后期处理进行弥补，但应对日常拍摄则完全足够了

花絮：赵嘉的个人意见

常有人问我器材升级的事，其实对于摄影爱好者来说，我都觉得没必要买APS-C画幅或者更小画幅的相机（日常拍摄用iPhone拍就挺好的了），还是一步到位上全画幅相机靠谱。目前的第一超值选择无疑还是第一代的索尼A7，价格在5,000多元，比尼康和佳能的入门全画幅单反更便宜。全画幅微单的画质远超任何非全画幅的单反，体积还更轻小，尤其适合旅行拍摄。

通常我会说，镜头的选择从套机开始就很好。但如果我来选择，第一支镜头我会考虑买二手的蔡司FE 35mm F/2.8。蔡司啊！3,000块不到的价格、体积超小、具有专业水准的画质。有了这么好的镜头，再拍不好照片就不能怨器材了。

每次我遇到发愁该怎么升级器材，"又想拍拍风景，也想拍拍人文"的学生，我都建议他们找一台最便宜的全画幅相机加一支35mm镜头，带一个不超过40升的双肩包，坐上绿皮火车随便去哪儿拍一个礼拜，问题就有答案了。

4.2 什么是相机系统

无论是购买相机或是拍摄照片，其实都应该从相机系统的思路来综合考虑。当你已经选择了一台还不错的相机，那么你需要想想使用什么规格的镜头。定焦或是变焦，光圈的大小，镜头本身的体积多大，这些镜头是否可以通用滤镜，你是否需要高速、大容量的存储卡，这些都会影响到你最终的照片拍摄方式。这些系统问题你都需要在购买前就想清楚，避免器材置换造成一些不必要的花费。

同时，在初次选择器材时你的最高预算应该是对应到购买整个系统的费用，而不是单指相机加镜头的费用。往往购买一些优质附件的花销也挺大。比如你购买了一台RX-1RM2全画幅卡片相机，但它的套机并不配备滤镜和遮光罩，可这对于许多摄影师来说都是必备的附件，同时它们还都没有性价比更高的替代选择方案。那么你购买这台相机之初，就应该从系统的角度去评估你的预算。互联网时代，许多产品的价格都很容易查到，尽量把需要的一次性买好，这才是最高效的方式。

RX1RM2的专用遮光罩LHP-1和手柄TGA-1都是需要独立购买的附件，设计精巧周到，建议购买使用，但是价格都不便宜

［后页图：摄影：谢墨；光圈 f/5.6，快门1/60s，ISO1250；机身：A7RM2，镜头：FE 16-35/4 ZA］

4.3 你需要什么

细说一下你有可能需要的附件。我们会根据其购买的必要性来排序，你可以逐一对照，看看自己缺什么。

4.3.1 存储卡

选择微单相机之后，你就会面临SD卡的选择。特别是A7RM2这样的机型，存储卡的选择也相当重要，否则有可能遇到拍摄的数据瓶颈。特别是在A7系列更新2.0固件，支持存储无损RAW格式之后，原本就不富裕的数据存储带宽，现在就变得更加珍贵。

现在高速SD卡并不昂贵，主流的高速64GB SD卡也算是平价附件，比如索尼原厂的高速SD卡就是不错的选择。但需要注意的是，A7系列暂时只支持UHS-I规格的存储卡，该规格最高读取速度只能达到95MB/s，写入只能达到60MB/s，这是其技术规格决定的。市场上达到280MB/s读取速度和240MB/s写入速度的SD卡都是UHS-II规格的存储卡，使用在A7系列机型上，只能降级被当作UHS-I规格的存储卡来使用，没有办法达到最高速度，因此选购更便宜的UHS-I规格的高速SD卡就好。此外，由于索尼微单拍摄4K视频需要使用SDXC的存储卡，因此建议初次购买64GB或更大容量的存储卡。

采访：爱摄影使用什么存储卡

|赵嘉|

我只用SanDisk的存储卡。同事经常跟我说其他牌子的卡也有各自的优势，不是说它们不好，但存储卡是摄影师的生命线，这些年我的SanDisk卡还没有出过问题，但我用其他品牌的存储卡出过质量问题。所以我就愿意一直用SanDisk，不想冒险。

由于我有很长一段时间都没有再使用单反相机，照片的拍摄主要使用旁轴和微单，因此现在最主要的存储介质是SD卡，当需要录制极高质量的视频素材时则使用SSD固态硬盘。存储卡我主要使用东芝和索尼的高速存储卡，其中东芝是SD卡的标准制定厂商，并且本身就生产闪存颗粒，而索尼也是存储卡的主要生产厂商。因此品质是有保障的，同时它们的价格和性能都不错。在我的存储卡列表中有8张SD卡，其中两张16GB的主要是随身备用，四张32GB的是相机的主力拍摄卡，两张64GB的主要放在A7RM2中用于拍摄和4K视频的记录。存储卡的总容量是288GB，这大致是我一次半个月拍摄的量，基本上可以保证存储卡不重复记录，做到卡和硬盘中数据的双备份。

|吴穹|

4.3.2 电池

微单相机只使用一块电池很有可能会不够用。通常一块原装电池在正常的取景、拍摄条件下，大致可以拍摄300～400张照片，天气寒冷的时候则仅为200多张。这对于旅行摄影，或工作拍摄而言肯定不够一天的拍摄量。同时还需要考虑外出拍摄有时会因为误操作，导致相机长时间处于开机状态等情况。因此，正常情况下，一定需要备用电池。

如果你只打算准备一块备用电池，那么推荐购买索尼的原装电池（*A7S*、*A7SM2*、*A7RM2*自带两块电池）。假如你需要长时间外出拍摄照片，那么你至少需要4块电池。国产品牌的电池，例如品胜，也有相当不错的品质，同时价格还相当平易近人。1/4的价格买到一块可以达到90%原厂性能的电池还是很划算的，至少许多摄影师都是这样搭配使用的。此外，当你拥有了超过两块电池，对于它们的管理和充电也是一件麻烦事儿。因此我们建议你在原装电池的基础上，再单独购置一个双格充电器，外出时带上它们能节约不少电池充电的时间。

其实国产锂电池质量也不错，我们自己使用最多的是品胜电池，它大概可以达到原厂电池80%~90%的耐用程度，除了低温下没有原厂电池耐用外，其他环境下都不错。同时我们也使用这种双格充电器，很方便

4.3.3 滤镜

*UV*镜在胶片时代有着在强烈的日光下校准色偏的功能，但是进入到数字时代它其实与保护镜并无实质的差异了。在镜头前方增加一块玻璃，它只会对影像带来衰减，对优质的*UV*镜的最高褒奖就是"不影像画质"。因此我们建议大家一定要购买大厂的产品，比如，B+W、*Rodenstock*（罗敦斯德）、*Kenko*（肯高）等品牌的多层镀膜产品。我们最常选择的就是罗敦斯德的*HR*数字高清*UV*镜或者是*B+W*的*MRC-UV*镜。它们除了具有很好的通透率，还拥有耐脏、耐划涂层，我们经常用它替代镜头盖，随时拿起相机就可以拍摄，同时避免镜头意外划伤。

如果你喜欢旅行，最好再给广角镜头配备一枚*CPL*偏振镜，它能显著提升部分光线下的画面通透性，让蓝天更蓝、色彩更为饱和，并且可以消除或者部分消除非金属表面的反光，旅行中拍摄风景时常会遇到这种需求。

此外，中性密度ND滤镜和中性密度渐变ND滤镜也是拍摄风景照片的常用工具，它们按照其减光的能力标号，例如ND2、ND4、ND8、ND16会分别减光1～4挡光圈。减光量越多，所需要曝光的时间也就越长，相应地对于三脚架稳定性的要求就越高。购买这类滤镜不能贪图便宜，劣质产品往往会出现严重偏色、画质严重下降、眩光、重影等问题。

Rodenstock（罗敦斯德）和B+W滤镜是我们最常用的滤镜产品

4.3.4 摄影包

摄影包可能是多数摄影爱好者不太讲究、希望节约成本的一个环节。与优质的背包类似，摄影包需要外层面料防水、内层面料防震、柔软程度合适、功能设计合理。现在各个品牌摄影包的差异，更大程度上是来自于设计本身——怎样能够拿取相机更加方便，背负系统怎样设计能更为舒适。好的摄影包设计，一定对于用户所使用的器材、使用摄影包的情景，以及不同类型照片拍摄者的性格有着比较充分的拿捏。对于摄影包的选择，最好先从国内比较知名的品牌开始，多问问其他摄影爱好者的意见。

采访：摄影师们都使用什么摄影包

我有很多摄影包，换着用。出远门就用F-stop双肩包，在城市就用白金汉、ONA、徕卡原厂摄影包以及自己改装的摄影包，就是始祖鸟的户外包里面塞个白金汉的内胆，大小正好，非常完美。

| 张千里 |

我的摄影包主要针对商业拍摄、旅行、城市街拍三类场景而准备，通常商业器材比较多时我会使用ThinkTANK的器材拉杆箱，当旅行中需要同时携带户外用品和摄影器材时我就使用F-stop双肩包，而日常生活中携带少量器材时则最喜欢用ThinkTANK TurnStyle 20斜跨单肩包，它使用起来非常方便而且容量不小。

| 吴骍 |

花絮：赵嘉的摄影包推荐

在野外拍摄的时候我使用两个牌子的双肩摄影包。

比较常用的是曼德士（MindShift）的Rotation 180。这是一个美国牌子，它的主要优势是需要的时候，背包的下半截可以从身体后面转到身体前面变成腰包，所以它是双肩摄影包里取用器材最方便的，它的"腰包"部分可以放进两台A7RM2机身以及我常用的25mm、35mm、55mm这三只定焦镜头。另外，它的背负系统是我用过摄影包里最好的。2014年我在冈仁波齐转山的时候甚至把Birdy的折叠自行车挂在它外面背着。

在需要放超过300mm F/2.8或者体积更大的镜头时，我使用两款F-stop的摄影双肩包。Satori EXP的70升背包比较大，而Tilopa的50升背包比较适中灵活。F-stop的背负系统很不错，它使用挂内胆的设计，可以非常方便地在摄影包和户外包之间转换，背开的方式取用器材也很安全。内胆有各种尺寸，能放很多器材。

通常我的背包里会放着ewa-marina相机防水罩，适用于雨雪天气或水下摄影。另外，在野外，我背包里永远要带着GORE-TEX的冲锋衣、头灯和至少4块备用电池。

参加野性中国野生动物训练营时携带的器材

在城市里，需要带器材比较多的时候，我通常用Crumpler（澳洲小野人）和ThinkTANK（创意坦克）的SS470双肩背包。

我平时基本不用单肩摄影包，唯一的例外是Vaneu（中文翻译成"纳优"）的小包，大概和一个iPad差不多大，可以放一台A7RM2和我常用的25mm、35mm和55mm镜头。这个包用的凯夫拉面料非常耐磨，而且颜色和款式都很低调。它内部也是使用内胆的，所以我经常把内胆取出来放在别的包里用。

不过，更多时候，我不太喜欢背摄影包，我会用普通的户外双肩包装F-stop或者Naneu的内胆。我通常用F-stop的小号内胆，里面装着一套金宝ACTUS微单轨、50mm和90mm镜头各一支、一台索尼A7R2和一支FE卡口的35mm镜头。

F-stop小号ICU内胆刚好可以携带一整套微单轨器材

4.3.5 三脚架

我们推荐的思路是：摄影包可购买高性价比的品牌，但三脚架一定要买你能买得起的最好的一款。三脚架的稳定性与材料的选择直接相关。比如说捷信三脚架非常稳定，就是因为它使用非常优质的碳纤维脚管。这些优质的材料许多廉价产品生产商不会使用，所以高级的专业摄影附件都比较昂贵而且很难找到更便宜的替代品。对于三脚架，通常我们只推荐捷信、孚勒姆（FLM）、曼富图这三个品牌；云台则推荐FLM、RRS、阿卡（Arca Swiss）这三个品牌。

初次的常规三脚架选择，可以考虑可折叠碳纤三脚架和球形云台的组合。具体可以参照捷信1544T，它尺寸小巧、不超过1kg，虽然脚管比较细，但是比许多国产品牌大型脚架更加稳定，与微单搭配刚刚好，一个双肩包就可以将一套微单加脚架全装

具备反折功能的脚架，外出携带很方便

下。如果你并不需要比较高的机位,也可以选择一个曼富图209,492LONG的桌面脚架,它可以随便放进一个小巧的单肩包中。携带一机一镜的时候,如果突然遇到暗光的环境,把桌面脚架拿出来支撑在一个相对稳定的位置就可以马上拍摄,只要拍摄角度没问题,同样也能够拍摄到非常好的照片。

花絮:如何选择一款靠谱的国产三脚架

进口品牌的产品固然品质会稍好一些,但毕竟不便宜。对于预算有限的读者,其实也可以尝试选择购买国产品牌的产品,但可能需要多花点心思去选择。首先,选择一个靠谱的品牌。百诺、思锐、富图宝等都是三脚架大厂,它们的产品线很全面。其次,一定要亲自试用,看好一款三脚架之后你需要去实体店认真对比一下。好的三脚架展开后刚性很强,不会是"软绵绵""有弹性"的,当你按压、晃动时都不应该感觉到三脚架有明显的位移,整体手感一定要够硬。同时你还得看看它的旋钮、五金构件是不是顺畅好用,伸展是否方便。具体的选择,我们推荐思锐的W系列或者N系列、百诺的IFoto系列或旅游天使系列、富图宝的磐图系列。

采访:摄影师们都使用什么三脚架和云台

|傅兴|

如果整个搭配A7RM2体系,可以配备一个较小的三脚架。不过我主要还是用捷信GT2541搭配阿卡 D4云台。曼富图的云台我用了好多个,因为它的内部是黄铜做的,材质过软,十分容易损坏,而且时间一长就会出现松框的问题。阿卡云台的质量确实好,就是价格太贵,要8,000多元。所以现在出远门我都把它放在一个保护桶里面,再套一个软袋。

三脚架我主要用FLM(孚勒姆)和捷信,还使用曼富图刚出的一款小型脚架,挺好用的。云台我最常用的还是FLM(孚勒姆)。

|张千里|

[后页图:摄影:郑顺景,光圈 f/4,快门1/400s,ISO12800,机身:A7S,镜头:FE 24-70/4 ZA]

4.3.6 背带

每一台相机出厂时都会配备相机背带，其实原厂附赠的背带质量都是不错的，那为什么我们还要单独购买？

独立购买相机背带，一方面是因为它的功能性，另一方面在于它与相机视觉上的匹配感。功能性上原厂背带往往只能提供足够的安全性，但基本上都不太舒服，只有佳能、尼康的高端机型或者是徕卡这样原本定位于高端的产品才会给你提供一条足够舒适的背带。一条好的背带在功能上，总的来说应该具备安全、耐用、舒适、方便使用、轻巧这样五个特点。

微单相机的体积和重量都不大。我们推荐大家可以选择 *ThinkTANK*（创意坦克）、*Camera Strap*、*Artisan&Artist*（工匠与艺人）的 *ACAM-E25R*、*Domke*（杜马克）*1*英寸相机背带等。它们都比较细、轻柔，背负的时候防滑，也可以很容易地绕在手腕上变成腕带使用，而 *Artisan&Artist*（工匠与艺人）的 *ACAM-E25R* 还具备特别方便的快速长短调节系统。此外，这些背带与相机搭配也都挺好看，属于实用型的产品。当然如果你特别喜欢皮质的产品，而且对于舒适感尤为关注，那么我们诚意推荐 *EDDYCAM* 驼鹿皮相机背带。它具有相当高的品质，也有许多颜色可以定制选择。

花絮：赵嘉的背带推荐

原来用单反相机的时候，相机和镜头都重，所以我一直用各家的加宽背带，当然难看了点，但是稳妥啊。现在因为主力相机换成微单相机了，所以我可以用更美观的窄背带了。通常我带两台相机，分别挂两支最常用的镜头，所以我会把一条背带调得非常短，一条比较长，这样需要时可以一上一下挂在胸前。但其实多数时候，我不把相机挂在胸前，而是用自锁快挂固定在双肩包的肩带上。

我只有一台主力 *A7RM2* 用 *EDDYCAM* 驼鹿皮相机背带。它确实是我用过的相机背带中最舒服的，挂在脖子上就像被自己的手抚摸一样温暖。只是价格有点贵，一千块钱一条，建议你快过生日的时候把这个消息透露给亲朋……

EDDYCAM背带虽然昂贵，但是物有所值。此外，ThinkTANK的背带也是爱摄影编辑的最爱，同样值得推荐

4.3.7 快门线

A7系列相机具有Wi-Fi联机功能，最简单的方式就是用手机直接联机遥控拍摄。但是可能会有一定延迟，并且增加耗电量，因此额外购置一条快门线也是值得考虑的。现在国产的快门线已经推出，许多产品还具备延时摄影的功能（机内APP有一定的延时拍摄张数限制），理论上可以拍摄无限张照片，对于制作延时视频来说更加合适。

索尼原厂快门线并没有支持延时摄影的型号，但它们却可以控制摄像电动镜头焦距的变换，比如控制索尼FE PZ 28-135mm F/4 G OSS。同时还拥有视频录制的启动、停止键，因此它可能更加适合对于遥控拍摄和视频拍摄都有需求的摄影师。原厂快门线有RM-VPR1有线快门线和RMT-VP1K红外线无线快门线这两种型号。如果只是偏重于照片的拍摄，我们推荐选择RMT-VP1K无线遥控器，毕竟它还可以用来自拍或者进行特殊的遥控拍摄。如果你有不少时间需要拍摄视频，或者需要使用视频套件来辅助拍摄，那么就一定要选择RM-VPR1有线遥控器。因为无线遥控器还需要一个独立的接收模块，同时也不够稳定，有线的连接依然是最可靠的方式。

RM-VPR1有线遥控器和RMT-VP1K红外线无线遥控器可实现的功能是一样的，但总体而言我们依然更推荐使用有线的电子快门线

花絮：张千里如何离机拍摄

我最常用的摄影附件是三脚架和快门线，因为主要是拍风光。我有很多根快门线，其中有一根是索尼原厂的快门线，有线的，它可以换成适配于单反的线也可以换成适配于微单的线。这根快门线用了一段时间之后断了。

还有一根快门线也是索尼原厂的，不过是无线的。那根线连着接收头装在热靴上，拍摄的时候手里捏一个无线遥控器，那个遥控器还可以遥控视频。由于使用红外线，它的有效距离只能在十米以内，大概是七八米。

无线遥控器还算比较有用，例如拍摄小动物的时候就可以把机器架得远一点。我还使用国产的第三方快门线，带定时功能，拍摄星轨会方便一些。另外，我会用手机APP来遥控，这也是一种方式。

那次拍摄奥迪项目的时候，我就是采用手机遥控的方式。我将相机用吸盘吸在车尾拍后面那辆车，我坐在车里通过*Wi-Fi*直接遥控拍摄，特别方便。可以控制照片质量，包括取景的角度都可以精确把握。以前的拍摄方式是用快门线盲拍，那样的话就不知道拍到了什么，以及对焦有没有对上。而通过手机*APP*遥控拍摄就很简单了，可以调控构图，比如让后面的车更近一点或者更远一点。拍完以后照片会传输过来，我再检查一下是否清楚，这样拍摄效率就很高。不过，手机遥控拍摄有时候太慢了，按下去之后不是即时拍摄的，而是要停半秒或者一秒。而且这样非常耗电，很快就会耗尽电池的电量，通过*Wi-Fi*的方式就更耗电。

4.4 你可能需要的其他附件

当你选择了*A7RM2*，除了需要面对更精细的照片质量和文件大小，还需要面对存储卡、硬盘、计算机处理能力等一系列的问题。毕竟*4,300*万像素照片的数据量基本上是*2,400*万像素照片的一倍，加之无损*RAW*格式存储功能的加入，这个问题会更加突出一些。假如，你还希望充分运用*A7RM2*或者是*A7SM2*的*4K*视频内录功能，并玩出一些有意思的花式剪辑，那么你真得事先琢磨一下现有的设备是否能满足你的需求。如果你的计算机硬件配置还算不错，那么推荐你可以考虑购买一块双硬盘的桌面硬盘阵列，并采用*RAID 0*模式，以得到较大的存储量和最高的写入、读取速度。当然一定要备份好你所有的数据，因为*RAID 0*虽然速度快，但也有一定数据丢失的风险，切记。通常存储设备的速度不太受限，大尺寸照片的编辑、整理工作就会容易非常多，这几乎是最常见的计算机性能瓶颈。你也可以使用大容量的*SSD*，但真的不便宜。

LaCie Rugged RAID和西部数据My book pro是值得推荐的硬盘阵列系统
前者易于携带，而后者具备更强的性能优势

一个还不错的数字后期平台除了还不错的计算机系统，更重要的是你还需要有一台过得去的显示器。这对于你的照片选择、编辑影响极大，根据不同的消费能力，你可以选择一个能负担得起的桌面显示器。比如，*24*寸的*DELL*专业显示器或者华硕显示器，*3,000*元左右的价格就有还不错的品质，照片编辑不是看电影，大尺寸显示器不是很有必要，品质应该优先考虑。此外，如果能够找你的朋友借一个屏幕校色仪来把屏幕校准一下，通常都有显而易见的变化。

除了艺卓、NEC之外其实例如戴尔这样的厂商也有不少中高端的专业显示器，如果能够挑到品控好的产品其实也很不错，但最好还是搭配校色仪校准之后再使用

4.5 多平台系统搭配

打算使用微单相机的一大部分摄影师或者摄影爱好者，都会犹豫到底是保留单反相机系统，还是索性完全使用微单系统进行拍摄，或者是采取折中方案，同时保留两套系统，各自选择最具优势的搭配方式来选择镜头的配置。单反相机用户中，以使用佳能、尼康器材的居多，这两个品牌的镜头都相当齐全。所以在搭配的过程中只需要根据自己的需求并结合单反和微单的优势相互权衡即可。

变焦镜头方面，微单相机镜头的体积和重量有很大优势，因此通常建议微单搭配变焦头。如果你必须要使用f/2.8这样的大光圈变焦镜头，以及200-400mm F/4这类微单没有的镜头规格，可以选择单反相机系统。

定焦镜头方面，其实微单的优势并不是特别明显，除了*Sonnar T* FE 35mm F/2.8 ZA*这种高画质、小体积的随身镜头之外。多数的大光圈专业定焦镜头体积都和单反的同规格镜头相差不多，这类定焦就完全可以和单反相机系统配合使用，需要小体积的时候转接至微单上，需要精准对焦和快速拍摄时当然还是搭配单反使用。

当然，除了与单反相机系统共用，如果你是徕卡用户或者拥有不少M卡口的镜头，也可以与微单搭配使用。但我们只建议你与A7RM2搭配，类似红移、边缘劣化的问题会少很多。此外，如果比较关注画面的品质，我们还是建议尽量转接经过数字优化过的旁轴镜头。例如，徕卡所有带有*ASPH*（非球面镜*aspherical*的缩写）的镜头，它们通常更适合用在数码相机上。

此外，当你转接镜头使用时，接环也是极为重要的一环。后续关于转接的章节中，我们会更加细致地为大家介绍。

［后页图：光圈 f/9，快门13s，ISO100；机身：A7RM2，镜头：FE 16-35/4 ZA］

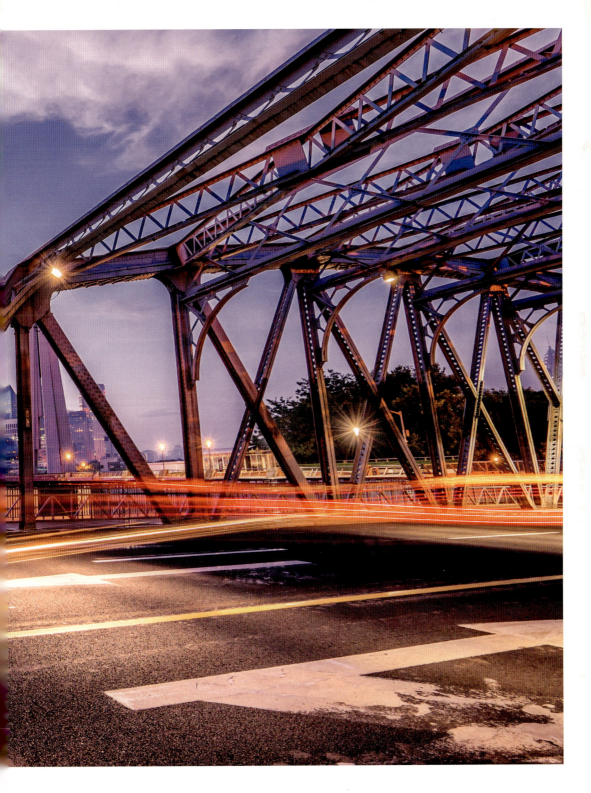

器材推荐

机身推荐
索尼A7M2

A7M2是一台性能非常均衡的全画幅微单相机。与前一代产品A7相比,索尼A7M2进一步提升了机身材质和卡口的可靠性,重新设计的按键布置可以带来更好的操控感。A7M2的有效像素约为2,430万,和A7一样。

在视频功能方面,A7M2可以录制1080P的高清动态视频,并且支持XAVC S格式。

对于静态影像,A7M2的感光度范围为ISO 100~25,600。A7M2采用了增强型混合自动对焦技术,117个相位检测自动对焦点和25个对比度检测自动对焦点可以覆盖相当大的范围,从而实现迅速自动对焦,对焦速度相比于A7提升了约30%。A7M2的连拍速度最快约为5张/秒。电子前帘快门的使用可以减少快门时滞。与A7相比较,A7M2的画质并没有提升,最重要的升级是五轴防抖功能,机内的防抖元件能够检测到拍摄过程中的各种抖动并且提供相应的修正。

我觉得五轴防抖是一个非常有用的功能,厂家宣布有效范围是4挡半。在没有防抖的情况下,55mm标准镜头最低只能使用1/60秒,而有了五轴防抖,可以往下降4挡:1/60秒-1/30秒-1/15秒-1/8秒。手持标准镜头用1/8秒就能拍摄清晰,确实是太赞了!

A7M2主要参数信息

像素数量	2,470万像素
照片尺寸	6,000×4,000(无损 RAW 格式文件约 48MB/ 张)
对焦点数	117 点相位对焦点
连拍速度	5 张 / 秒
视频格式	支持 1,920×1,080p / 60 fps (50 Mbps) 机内录制
取景器	0.71× 倍率,235 万点 EVF
相机规格	126.9mm× 95.7mm× 59.7 mm /556g

[右页图:光圈 f/16,快门 2s,ISO200;机身:A7R,镜头:FE 24-70/4 ZA]

镜头推荐

FE 70-200mm F/4 G OSS（SEL70200G）

长焦镜头视角狭小，可以实现对画面元素的裁剪，从而突出表现主体。长焦镜头也可以抓取局部细节，呈现抽象的艺术效果。FE 70-200mm F/4 G OSS是索尼微单系列的看家镜头之一，出色的成像素质使它口碑颇佳。作为从中焦段扩展到长焦段的变焦镜头，无论是职业摄影师还是摄影爱好者都对它青睐有加。它的适用题材非常广泛，诸如风光、人像、纪实、报道、体育、野生动物等。

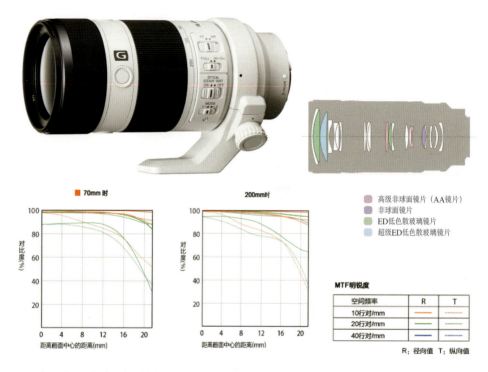

有时候，在出门之前做出放弃长焦镜头的考虑真的只是出于重量的考虑。遵循"小三元"的设计思路，FE 70-200mm F/4 G OSS相对较轻，便于携带。

这支镜头的光学结构为15组21片，其中2片ED低色散镜片和1片超级ED低色散镜头用来消除色差，同时改善色彩饱和度并且提高锐度，1片非球面镜和2片高级非球面镜用来消除像差并且提高边缘成像质量，镀覆在透镜表面上的纳米抗反射涂层可以有效地增加镜片的透光率并且减少由于光线在镜片间的多次反射而产生的眩光和鬼影。纳米涂层表面具有不规则的纳米结构，当光线入射在这些表面结构上时变得更容易透过，并且减少了反射光线。

这支镜头的成像素质非常出色。在中焦端和长焦端光圈全开时，中心和边缘均呈现出色的反差，只是边缘锐度不如中心锐度，这在中焦端更为明显。当收小光圈后，边缘的成像质量迅速上升，中心和边缘在反差和锐度方面都达到了相当高的水准。70mm中焦端的最佳光圈介于f/5.6~f/11之间，200mm长焦端的最佳光圈介于f/8~f/11之间。

　　枕形畸变通常可见于长焦镜头中。这支镜头在200mm长焦端存在比较明显的枕形畸变。这些畸变可以通过后期处理软件进行校正。在光圈全开时，200mm长焦端的色散控制相比于70mm中焦端更好。

　　这支镜头的成像比较油润，透出明艳的色彩。9枚圆形叶片能够带来更漂亮的焦外光斑。线性马达驱动对焦镜组，使得对焦安静而迅速。在光线较弱的拍摄环境下，对焦辅助光能够帮助合焦。由于微单的机身较小，从机身发出的一部分对焦辅助光会照射在圆形的遮光罩上，从而会影响对拍摄主体的补光效果。如果拍摄主体距离较远，可以将对焦距离开关设置在无穷远到3m，以提高对焦效率。这支镜头具有不错的近摄能力，它的最近对焦距离在70mm端为1m，而在200mm端为1.5m，放大倍率为0.13倍。

　　为了减少抖动对图像清晰度的影响，这支镜头内置了光学图像稳定系统（OSS），至少可以补偿3挡快门速度。通过电子取景器可以看到光学图像稳定系统提供的实时防抖效果。当与具备五轴防抖功能的机身使用时，光学图像稳定系统将与五轴防抖共同工作。

[下图：摄影：张千里，光圈 f/8，快门 1/2s，ISO100；机身：A7RM2，镜头：FE 70-200/4 G]

第 5 章 傅兴与建筑摄影

引言

作为国内顶尖的建筑师，傅兴对于商业建筑摄影的要求近乎苛刻。在胶片时代，为了追求最好的视觉效果，他曾经亲自从国外往北京背电影镜头使用的*Tiffen*大玻璃滤镜。数码时代来临，他也一直是尝试新技术的排头兵——各种数码后背的匹配、各种大画幅镜头的数字化是否合格、移轴镜头的测试……对于微单也是，他经常使用微单作为辅助机拍摄建筑题材作品，并配合高质量的镜头、超高分辨率以及后期技术进行校正处理。

采访：对话傅兴

吴穹：您现在最常用的摄影器材有哪些？

傅兴：我主要使用的有三套体系：佳能5D Ⅲ和5DsR单反相机、索尼*A7RM2*微单、飞思*P45*数码后背。由于我们的主要业务是建筑摄影，所以在镜头配置方面主要采用佳能的两支移轴镜头：*TS-E 17mm F/4L*和*TS-E 24mm F/3.5L* Ⅱ，这是我离不开的镜头。

在微单镜头的选择上我们现在使用4支镜头：*Distagon T* FE 35mm F/1.4 ZA*、*Sonnar T* FE 55mm F/1.8 ZA*、*Vario-Tessar T* FE 16-35mm F/4 ZA OSS*和*Vario-Tessar T* FE 24-70mm F/4 ZA OSS*。其中最常用、使用感受最好的是*Distagon T* FE 35mm F/1.4 ZA*和*Sonnar T* FE 55mm F/1.8 ZA*这两支。

佳能TS-E 24mm F/3.5L Ⅱ和TS-E 17mm F/4L是值得转接使用的优秀专业镜头

赵嘉：*TS-E 17mm F/4L*和*TS-E 24mm F/3.5L* Ⅱ这两支移轴镜头你主要使用哪支？

傅兴：我现在使用佳能*TS-E 24mm F/3.5L* Ⅱ比较多，但是这个焦段依然不能满足我的日常工作需要。我更需要的是35mm或45mm焦段的移轴镜头，如果有28mm的我也肯定会买。

赵嘉：佳能的TS-E 45mm F/2.8成像质量非常差。

傅兴：那是上一代镜头，肯定是不能用的，所以我现在只能转移到标准镜头来找出路。

吴骋：那您认为A7RM2的照片质量能满足您和客户的需求吗？

傅兴：作为商业摄影师，我的客户基本都是建筑师、房地产商和政府规划部门，他们所需求的文件量不是很大。我认为A7RM2的4,240万像素已经能基本满足A0（1,189mm×841mm）的艺术微喷水平，A1尺寸(841mm×594mm，相当于半张A0)就更不用说了，在我们的工作范围内足够使用。如果有广告摄影的需求，面对两个A0大小的尺寸进行一下插值，问题也不大。

[下图：摄影：傅兴，光圈 f/11，快门 1.5s，ISO125，机身：A7RM2，镜头：FE 35/1.4 ZA]

不过，对比佳能5D Ⅲ和5DsR，我们对于A7RM2的感觉是明显把色彩浓度加上去了，而佳能的5D Ⅲ虽然分辨率上不去，但是它并没有刻意提升色彩。这个问题是我们在拿到A7RM2之后分别和两拨不同的摄影师在不同的时间测试过两遍，最终在计算机中分析得出的结果。尤其是橘红、橘黄、大红等颜色失真比较多。但是我不知道这是不是使用A7RM2搭配第三方镜头（转接环接佳能镜头）所导致的问题。我们用的佳能镜头在佳能机身上测试表现就更好，毕竟佳能机内软件针对自家产品进行过优化。

赵嘉：所以，最好的解决办法还是等索尼的微单镜头出全，不过，这里面也可能有后期软件的因素。

傅兴：或者测试的时候佳能机身配佳能同一焦距、同一光圈的镜头；索尼机身用索尼同一焦距、同一光圈的镜头。这时候就会有较为客观的效果比对。

吴穹：通常您的索尼微单是如何设置的呢？

傅兴：使用A7RM2当然是使用无损RAW格式，色域空间上设置为AdobeRGB，然后曝光拍摄设置为纯手动。光圈是我控制景深的主要工具，快门速度我会根据液晶屏中所看到的场景进行调整。

吴穹：通常的工作流程是什么，您用A7RM2拍摄然后将RAW文件直接导入飞思Capture One Pro软件吗？

傅兴：基本是这样的，我们一般在现场将影像存储在SD卡中，拍完了回到工作室导入苹果工作站，然后使用Capture One软件进行后期处理。

吴穹：您在拍摄时会先使用灰卡或者标准色板进行色彩校准吗？

傅兴：每换一个拍摄空间，我们都需要进行色彩校准。因为室内拍摄的时候色彩十分丰富，像洋红、桃红、粉红等颜色还需要进行具体的区别，客户在这方面也很较真儿，所以我们在拍摄时都会事先拍摄一张灰卡，同时做一些记录以备后期核对。色板我们平时使用得比较少，主要是在检测相机的成像和色彩特性时才会用到色板。

[右页图；摄影：傅兴；光圈 f/11，快门 1/3s，ISO200；机身：A7RM2，镜头：FE 55/1.8 ZA]

因为在拍摄样板间时需要有主干色彩和情绪氛围，这些不是可以以科学依据量化的东西，而是依靠摄影师的好恶、品位能否传达出客户的价值观，这是十分重要的。

吴罕：现在您最终交付的作品是不是主要用于网络和电子平台？平面打印输出的需求现在还大吗？

傅兴：对于商业摄影师来说，应该交给客户一个国际标准的摄影原稿，也是我们所谓的交图标准。也有一些客户委托我们进行输出，因为觉得我们的输出做得很传神。现在客户确实将图片更多地用在网页、微信传播等方面，在纸面上印刷的需求越来越少了。

吴罕：目前网络传播使用的图片越来越多，您觉得会不会对于建筑商业摄影的质量要求越来越低呢？在器材方面会不会更需要一些高效率的器材，而不是数码后背这种拥有极端画质的器材？

傅兴：现在图片行业的确是进入了一个"快餐期"，很多客户要求时间快、图片量大，图片投放市场十分密集。随着客户的生产节奏加快，我们的工作节奏也是非常快的。所以图片质量不是第一位的，重要的是你在达到他们能够接受的质量标准后，有没有相应的服务速度和手段。这与印刷时代不同，所需求的图片品质已经没有那么高了。

赵嘉：那你现在还经常用技术相机吗？比如金宝的微单轨。

傅兴：没怎么用，如果经常使用中焦镜头，微单轨真是不错，但我们平时更需要使用广角镜头，微单轨上的优质镜头最广的焦段好像才到17mm，其他的35mm镜头如果"用尽"像场，成像边缘都不太好。此外，我的移轴镜头也可以进行俯仰摇摆，没必要使用微单轨。

赵嘉：那你现在很少拍摄接片了？

傅兴：尽量少拍摄接片，因为我们的镜头配备基本都是广角和标头。比如在一个广场进行接片拍摄，广角畸变会比较严重；而在小环境中拍摄，若距离家具很近则会

[左页图：摄影：傅兴；光圈 f/11，快门 1.4s，ISO200；机身：A7RM2，镜头：FE 35/1.4 ZA]

出现犬鼻效应。我也不需要大文件量，机器本身的像素就已经够用了。

吴弩：A7RM2在使用中还有让您觉得不够满意的问题吗？

傅兴：快门迟滞和声音是一个问题，有时我不能确定快门是否已经触发。同时它的快门声不会很悦耳，对于我个人而言快门声能刺激肾上腺素分泌，而现在这个声音不能感受到过去胶片机清脆的速度感，有点像是以前的老式电动马达快没电的感觉，感觉比较无奈。

吴弩：这也是为了减小快门声做的改进，现在的快门声音A7RM2相比索尼A7R好多了，整个结构进行了重新设计。加了缓冲结构，声音比较轻柔，震动也变小了，对于拍摄还是有利的。此外，它还有静音快门功能。

赵嘉：插句话啊，这个静音功能不太适合傅老师，因为画质会从14bit降到12bit。不过关于快门声的事我和你的想法不同，我宁可现在这样，因为现在的快门声不太引人注意。另外，看到照片你就该重拾信心了吧？

傅兴：看到照片那是一天之后了，头一天拍第二天做后期。这声音对于我下一张照片拍摄确实有影响，因为肾上腺素已经没了，摄影师有时候对于器材的要求也是很感性的。（笑）

吴弩：现在您会向其他摄影师推荐索尼A7吗？

傅兴：我若推荐相机，肯定先推荐索尼，之后是佳能，因为对于普通摄影爱好者或者建筑师来说，它有更小巧的体积和更高的利用率。而他们都说以前带单反在出国时很不方便。此外，他们都喜欢"一镜走天涯"，所以我多推荐*Vario-Tessar T* FE 24-70mm F/4 ZA OSS*，*FE 70-200mm F/4 G OSS*这支镜头也不错。

［右页图］摄影：傅兴；光圈 f/11，快门1.4s，ISO200；机身：A7RM2，镜头：FE 35/1.4 ZA］

［后页图］摄影：傅兴；光圈 f/3.5，快门1/5s，ISO200；机身：A7RM2，镜头：FE 55/1.8 ZA］

相机菜单设定秘籍

5.1 初次使用设定攻略

对于大多数阅读本书的读者来说，索尼A7相机很可能是你的第一台全画幅135相机，或许也是首部索尼系列的产品，毕竟当下全画幅单反相机依然是市场中的主角。其实我们开始使用第一代A7系列相机的时候也遇到一些不适应，毕竟微单的体积更小，许多按键的设计布局与单反相机也有很大的差异。特别是一些在单反相机上完全独立出来的功能快捷按键，在A7上变成了自定义快捷键，因此你需要一定的时间来学习和重新认识它们。这也是我们设定本章内容的主要原因。

5.1.1 打开相机先设置这些

1. 相机时间：它是你整理照片最重要的数据之一，这些时间都会内嵌到你所拍摄的每一张照片当中，如果时间错误，你在使用Lightroom这类软件建立自己的图库时就会出现混乱。

2. 影像质量：进入菜单的第一件事就是将影像质量设定为"RAW +JPEG"，确保一开始拍摄就是用RAW格式拍摄照片，它是你进行数字后期处理的基础，非常重要。

3. 影像尺寸：如果你是摄影新手，建议你可以把"影像尺寸"设定到最高，以保证可以得到最精细的JPEG格式照片。你在相机中的所有色彩设定、锐化、色彩空间的设置都影响着它。而RAW格式作为原始数据文件，它们则完全不受任何机内设定的影响。即便你将"影像尺寸"设定为最小尺寸，你所存储的RAW格式文件依然是相机原始最高像素的照片。所以当

你后期处理技术已经比较娴熟时，可以将影像尺寸调到最小。所得到的JPEG照片主要用于快速的网络上传，而RAW格式文件作为正式作品的数码底片来进行处理。这样对于存储卡的空间占用会降低，最多可连拍的数量也能增加，便于提升相机的操作性。

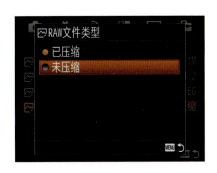

4.RAW文件格式类型：无压缩RAW格式文件的选择已经在新版相机固件中更新，A7相机允许我们进行选择。但对于新手来说，我们建议选择默认的"有损压缩"模式，根据我们的测试，其实有损与无损绝大多数情况下差异非常小。除非你需要棚拍产品或高画质风景照片，这些题材对于画质有严苛的需求，此时可以选择无损。

5.AF辅助照明：这个功能对于90%以上的摄影师都是会马上关掉的，只有在极暗的环境中，当你需要对距离不是很远的主体对焦时，才会有开启的必要。否则当你在"扫街"或者拍摄晚会或会议时，机身上的照明灯会相当尴尬，所以拿到相机赶快关闭它。

6.音频信号：虽然不清楚为什么索尼要给它取这个名字，但其实它就是控制"合焦提示音"的设置。关掉它与关闭"AF辅助照明"的原因类似，有时会比较尴尬。而且合焦成功后屏幕上其实也会有显示，所以并不太必要，建议关闭。

7.自动关机拍摄时间：默认的1分钟时间，其实偏短。拍摄过程中如果中途有少许停顿，或许在你突然需要拍摄时相机又需要重新启动。而且A7的启动速度并不是很快，宁愿多带一块电池，也最好将关机时间设定长一点，我们建议大家设定为5分钟。当然，在你不需要使用时尽量马上关闭相机电源，放心吧，开关是很耐用的！

8.版权信息：如果你是摄影师，或者将来希望出售自己的照片，那么你应该在"版权信息"当中备注上自己的名字，信息会加载到照片当中，确保照片版权的安全。

9.格式化：这其实是一个好的习惯，当你拿到一台新相机。插入一张存储卡之后，记得将这张卡在机内格式化。因为不同品牌相机对于照片的存储管理都有所不同，格式化一次是最保险的方式。当然记得备份你卡里的数据，如果发生意外格式化，那么千万不要拍摄照片，可以马上取出卡进行数据找回，多数情况下都没问题（具体的数据找回方法建议参看《摄影的骨头：高品质数码流程》一书）。

采访：沈绮颖如何进行照片管理和备份

［赵嘉］

你拍RAW+JPG格式吗，还是只是RAW格式？通常使用什么软件进行照片的管理和处理？并用什么硬盘备份？

［沈绮颖］

我只拍RAW格式。然后使用Lightroom来选图、调色调，输出高分辨率JPG文件。我保存所有的RAW文件，发图片的时候一般都是高分辨率JPG，有时候有人要求TIFF那就给他们TIFF文件。
之前一直用五盘位的硬盘阵列盒，可是现在一直不够用，还要增加硬盘。我现在有两个RAID 0的阵列，现在我要改成RAID 1的一对一拷贝，因为RAID 0系统虽然很好用可是成本太高了，组一个4T的高速阵列就需要4个相同的4T硬盘。现在我的硬盘又闪红了，空间非常紧张。

你的理想是要什么样的硬盘？

|赵嘉|

我希望能有3个很好的RAID 0阵列，就是太贵。我现在一套是3T的，一套是4T的，这才是我五年的积累。另外，我身上有一个移动存储设备，存储的是我正在处理的或者还没有发的图片。我现在也想弄一个云系统，我有一个PhotoShelter的账号，可是在中国网速太慢传不上去。你是怎么处理数据问题的？

|沈绮颖|

我有很多硬盘。主要的图片文件都是RAID 1做双备份阵列，平时就是用普通的硬盘来拷贝。

|赵嘉|

还是一对一的？那你在每块硬盘上怎样追踪这么多图片呢？

|沈绮颖|

我都是按日期排，我所有图片的原片RAW文件按照拍摄时间对应到固定的硬盘。如果要用这些RAW文件，比如做展览的时候就要重新处理照片，我会拷出来用Capture One Pro软件做处理，平时一般用不到原文件。

|赵嘉|

我现在还在重新做这五年的档案，这也是要花时间的。但是Lightroom还是挺好用的。

|沈绮颖|

[后页图：光圈 f/8，快门1/400s，ISO100；机身：A7RM2，镜头：FE 16-35/4 ZA]

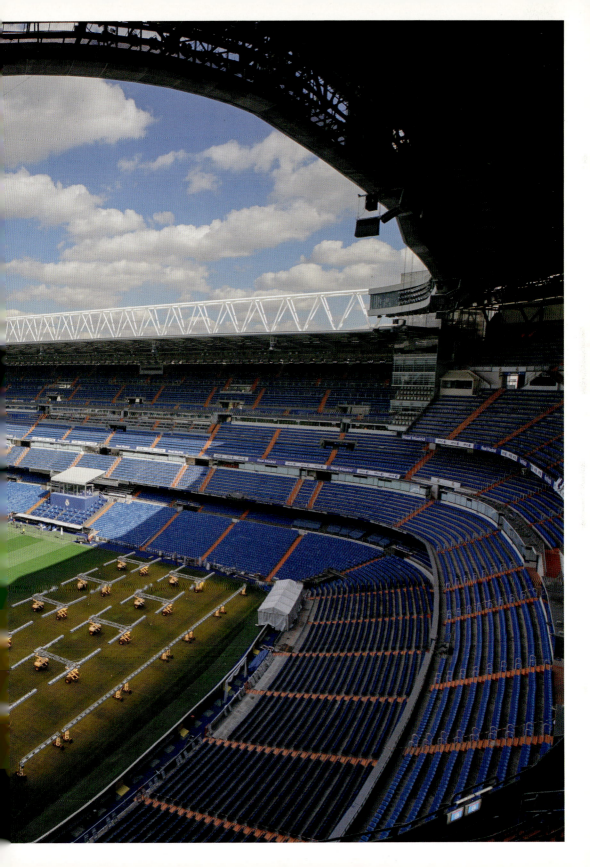

5.1.2 可选相机设定

1.曝光模式：对于纯粹的菜鸟新手来说，"AUTO挡"是不错的选择，至少它能帮助你拍摄到清晰和曝光相对准确的照片，你需要负责的只是选择拍摄角度、按动快门。"SCN挡"模式则是场景选择模式，可以按动机身背后的"Fn"键进入快速设定菜单，并在其中选择例如"肖像""微距""风景""黄昏"等多种场景模式，对于不太会设定相机，同时也希望得到不错拍摄效果的使用者，它很有帮助。而且每一个模式下都有相关的文字说明，可以根据相机的建议来选择、设定。如果你有一定的使用基础，那么A挡（光圈优先）和M挡（手动曝光）或许是更好的选择。它们看起来比较原始，但其实有时经典的模式才是最灵活的选择，毕竟相机其实还是很笨的。你多掌控一些，它们才能"听话"地完成任务。使用单反相机时也是一样的，微单和单反的设定并没有什么差别。

"SCN挡"拥有非常多个性化的拍摄模式，对于新手来说它非常易用

2.ISO设定：索尼微单的默认出厂设置是使用自动ISO，对于ISO的自动调节主要受个人习惯的影响。多数摄影师可能还是习惯自己来设定一个固定的ISO值，这样他们能更好地控制光圈和快门组合所呈现出来的效果，记住ISO越低，画质越好。当然如果不考虑画质的差异，自动ISO会更加方便一些，可以在不同的光线环境下，使用完全相同的光圈、快门组合拍摄。建议你最好将最高ISO设定为3,200，这将有利于噪点的控制。

3.创意风格：虽然我们多数的照片都会拍摄RAW格式文件，然后在"冲图"软件（例如Lightroom）当中来调整颜色。但JPG照片除了可以作为选片的小样来使用外，同时它加载了"创意风格"色彩描述文件之后也可以给我们的照片后期方向提供一个基本的参考。通常建议大家使用"生动"模式。

5.2 索尼A7系统的进阶设定

相机的设计对于一名成熟的摄影师而言总是相对固定的,从新手到准专业,再到专业级别,相机的操纵其实是做"减法"的过程。当你很清楚自己希望拍摄什么题材时,最终的设定组合往往不超过三种。

要理解这个概念,首先就应该理解相机设定根本上是解决什么问题?相机是面对普罗大众的拍摄工具,它给予我们许许多多的选择,无非是希望更多的使用者能够找到最适合自己的设定,更方便地完成自己的工作。

在这个过程当中,重点就落实在"最适合""最方便"这两个词上。实现这两个词的前提条件一定是与具体的拍摄场景,以及拍摄习惯相匹配的。体育摄影师与纪实摄影师的设定就完全不同,商业静物摄影师与商业人像摄影师同样也大为不同。所以具体的设定一定是根据自己的需求来选择的,并没有一种普遍适用的最优设定。对于相机的设定方式,我们建议大家能够更多地去尝试你没使用过的功能,而且要多看相机的说明书,至少将这些功能的大致意思弄懂,这样才能够真正合理地运用一款新的相机。

5.2.1 对焦模式设定

A7的对焦设定其实主要与具体型号相机的对焦性能有关,比如A7R与A7M2以及A7RM2的对焦特性就有本质上的区别,当然也就完全无法混用。比如,像A7R采用反差检测对焦,原本的对焦速度就比使用相位检测对焦方式的机型要稍慢一些。同时它的高感光性能也不如A7S优秀,因此在暗光下也会受到感光元件自身信噪比的影响,而更加不易对焦。面对这类机型,我们需要做的就是尽量避免使用它进行太复杂的对焦操作,同时适时地采用手动对焦进行补偿。而当你使用A7RM2时,则几乎没有太多的使用禁忌。

对焦性能	合格	还不错	还不错	优秀	优秀	极好
型号	A7R	A7S	A7SM2	A7	A7M2	A7RM2

AF-S(单次自动对焦模式)

适用于拍摄静态和运动比较缓慢的主体,如果相机对焦性能不够好,也尽量使用该模式。在AF-S模式下,当你半按快门按钮完成自动对焦后,焦点便自动锁定。如果需要改变焦点则需要重新半按快门按钮,重新启动自动对焦功能。它是所有自动对焦相机最常用的对焦模式,如果你不清楚要怎样设定,建议首先选择AF-S模式来拍摄。

该模式对于相机对焦性能要求不算高，你只需要将焦点放在反差比较大的地方，通常都可以得到准确的焦点。在遇到主体的反差不大，或者有眩光干扰的情况时，建议最好可以使用机身背部的"*AF/MF*"快速切换按钮切换到手动对焦模式下，旋转对焦环进行焦点的调整，以保证画面清晰。

[上图：光圈 f/4，快门 1/20s，ISO250；机身：A7RM2，镜头：100mm/2.8 Macro]
拍摄浅景深的静物照片通常都使用AF-S模式

AF-C（连续自动对焦模式）

该模式适合于拍摄运动的主体，或者是配合对焦锁定功能一起使用。*AF-C*对于相机的对焦性能有一定的要求，建议*A7*、*A7M2*以及*A7RM2*这三款具备相位对焦点的机身使用，*A7R*则很容易出现跑焦的问题。

如果你是*A7RM2*的用户，得益于*399*点相位对焦点的帮助，它在日常情况下的对焦性能是相当不错的。*AF-C*模式可以作为常用的对焦模式，并且配合中心对焦点锁定对焦的功能，基本上就可以很轻松地完成常规题材的拍摄。对于习惯了使用中心对焦点对焦的摄影师而言，这样的设定很好用，你可以先用中心对焦点对准需要的主体对焦，然后就可以半按快门二次构图，此时你的焦点依然会定位在刚才的对焦主体上。只要不是特别快速地移动，基本不会脱焦，相当智能，这样的操作也适合拍摄运动中的主体。

需要特别注意的是，当我们使用*FE 24-240mm F/3.5-6.3 OSS*这类通光量比较小的镜头时，采用连续对焦往往会出现前后反复"拉风箱"的问题。

DMF（直接手动对焦模式）

这个模式其实是 AF-S 与 MF 的组合模式，当你半按快门对焦完成时，相机会自动切换到手动对焦功能上。此时转动镜头的对焦环，相机会自动放大对焦区域，方便你的手动对焦调节。假如你只拍摄静态的主体，比如产品、风景，那么这个模式会相当适合追求准确对焦的你。

MF（手动对焦模式）

微单上的手动对焦功能通常只在两种情况下开启，一种是拍摄视频时，另一种情况则是在需要盲拍、估焦的情况下使用。虽然微单上的手动对焦也是以数字标尺的形式显示，但由于没有提供景深提示，会比手动对焦镜头使用感受稍差一点。不过，蔡司 Batis 系列镜头在镜身上就使用 OLED 显示景深范围，这倒是一个很好的补充。

5.2.2 对焦区域选择

相较于对焦模式，对焦区域的灵活选择对于一名力求使用自动对焦系统完成高精度对焦的摄影师来说是更加重要的一门功课。不同的对焦区域，相机在对焦的精度、速度、范围的设定上都有不同，你应当有所了解，否则你可能完全不明白别人为什么能够精确对焦，而你的照片却总是差那么一点点。

首先，我们先来梳理一下 A7 系列的对焦区域选择方案。有广域对焦、区对焦、中

[上图：摄影：赵思淳；光圈 f/2.8，快门 1/100s，ISO1000；机身：A7S，镜头：FE 90mm/2.8 G]
拍摄微小的主体可以尝试使用 AF-C 模式，如果对焦效率不高则建议切换至 MF 模式

间点对焦、自由点对焦、扩展自由点对焦、锁定AF对焦，这样六类对焦区域方式可供选择。

广域对焦与区对焦

它们是几乎所有数码相机都拥有的自动对焦区域模式，类似于全自动对焦。如果你需要拍摄的题材特别简单，比如，合影、风景、美食，那么它们其实足够你使用，也可以提供足够精准的对焦性能。最重要的是，它们非常方便。

中间点对焦与自由点对焦

这两种对焦区域模式是单反相机当中，最常为大家所使用的选项。特别是中间点对焦，经历过胶片时代的摄影师应该对它情有独钟。在过去只有中心点对焦的时代（裂像对焦、黄斑对焦也都属于中心点），其实我们也得到了非常多的好作品，有人也从实际的拍摄中提炼出了自己的一套使用中间点对焦的方法，可见对焦其实也需要我们持续不断地练习才能提升。

自由对焦点其实就是中间点的可移动版本，在微单上你可以将它放到屏幕上的每一个角落，这一点是单反相机所无法做到的。当然对焦点在屏幕边缘的位置你就只能使用反差对焦，它的速度和精度都会下降，因此我们建议你最好放在相位对焦点的范围内。自由对焦点也分为L、M、S三种尺寸的对焦点，越小当然越精确，越大则越快速。当使用大光圈镜头，全开光圈使用时，我们建议最好使用S尺寸的对焦点。而当你使用索尼的变焦镜头时，因为它们的最大光圈都不是很大，所以使用M或L尺寸的对焦点即可。所有A7机型的用户都可以尝试使用自由对焦点区域模式。

扩展自由点对焦

这个对焦模式是自由点对焦的综合延伸版本，这类对焦区域模式的首次出现是在佳能5D Ⅲ上。在5D Ⅲ上这个区域的范围也是可以选择的，而在A7系列上目前还只有一种区域尺寸可选。扩展自由点对焦是以中间S尺寸的对焦点为主要参考对象，并且智能地选择周围的8个辅助点作为次级参考，识别焦点上的物体状态（以A7RM2的相关功能为范例），从而更精准地对焦。

锁定AF对焦

该对焦模式只能在AF-C模式下才能启动，这也意味着它需要以动态追踪的方式来进行对焦，因此我们主要推荐A7RM2的用户使用该功能。在锁定AF的状态下，我们还可以通过按动左、右方向键来切换对焦区域。在该模式下，你可以使用所有的对焦区域模式来进行焦点的锁定，但根据我们的测试，只有自由点对焦和扩展自由点对焦，这两种区域选择才最为适合于使用锁定对焦功能，脱焦几率也最小。

花絮：赵嘉的对焦小技巧

A7系列的眼部对焦功能相当有用，它可以直接将焦点锁定人物的眼睛，即便相机构图发生改变，它的焦点也依然追焦在眼睛上。我通常是把眼部对焦设置在机身的某个自定义按键上，按一下就开启眼部对焦。拍肖像的时候非常有用，因为如果你设定AF-S，在采访的时候镜头会轻微动一下寻找焦点。而且你每调整一次都要重新对焦，会延误你的时间。你用这个功能之后，设定到连续对焦和眼部对焦，焦点会锁定在你的眼睛位置，很方便。

 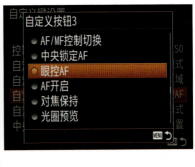

通过对于人脸的识别，索尼微单的"眼控AF"功能可以非常准确地将焦点放在眼睛的位置

5.2.3 棚拍对焦设定

当你需要在摄影棚当中使用微单相机拍摄时，需要先确定使用恒定常亮光源拍摄还是闪光灯来进行拍摄。如果是钨丝灯等恒定常亮光源，那么按照日常的设定方式即可。如果使用闪光灯进行拍摄，就需要更新拍摄的设定，以满足对焦和取景的需求。

首先我们需要将曝光模式设定为M挡，并且将快门速度设定为1/125s（如果闪光灯同步速度很高可以设定更高的数值）。ISO设定为100或200，光圈设置在f/8~f/16，以得到最佳的画质。此时，按照相机的原始设定你的屏幕和取景器通常都是相当暗的，难以取景构图。因为闪光灯的造型灯亮度在这样的曝光值下没有办法给予相机足够的光线。加之默认设定下镜头的光圈在取景时会随着设定值收缩，所以在这样的环境中相机也难以对焦。

这时你需要在"设置"菜单中将"实时取景显示"切换为"设置效果关闭"。相机就会像单反一样全开光圈取景而不影响取景和对焦。不过在该设定下，白平衡的自定义也不会在取景时显示出来，因此你最好提前拍摄几张，手动设定白平衡数据。

[后页图：摄影：吴穹；光圈 f/11，快门1/100s，ISO250；机身：A7，镜头：FE 28-70/3.5-5.6]

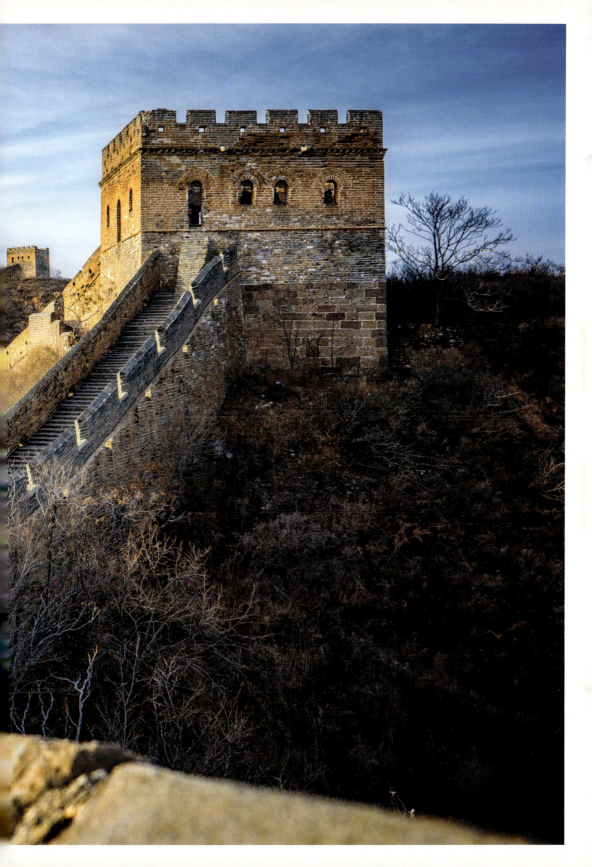

5.3 白平衡设定

即便使用RAW格式拍摄可以在后期软件中再次调节白平衡数据，我们依然建议大家可以多熟悉自定义白平衡的设定。由于微单相机的自动白平衡设定，完全是依靠CMOS实时取景的信号进行软件计算得出的，而不是单反相机使用独立的测光与白平衡模块，所以相对来说并不太准。因此我们建议多使用手动白平衡，它既是一个稳定的基础设定，同时也是锻炼你色彩识别能力的好方式，你会更快地明白5,500K和3,600K这两者对于照片色彩的影响，建立起自己的色感感知库。

如果你确实希望方便一些，那么根据我们的测试，在光线充足的日光环境下，A7系列机型的自动白平衡还算勉强准确，此时你可以大胆地使用自动白平衡。但是在黄昏、夕阳、光线混合性比较大的室内，它的自动白平衡就不太准了。

平时在拍摄太阳照亮的环境时，都可以手动设定为"日光白平衡"（☀），而晚上拍夜景或者室内使用暖光源时则可以统一设定为"白炽灯白平衡"。如果你很确定室内使用的是荧光灯，则可以在白平衡菜单当中选择对应的荧光灯白平衡选项。在使用闪光灯拍摄时，也记得手动切换为"闪光灯白平衡"（WB）。这对于你照片色彩的统一很有帮助，后期调整色温时也可以更容易进行。

［下图］：摄影：程斌，光圈f/5，快门1/640s，ISO200；机身：A7M2，镜头：FE 16-35/4 ZA）

5.4 拍摄模式设定

拍摄模式通常是统指你按下快门之后，相机如何运行拍摄。我们最常用的应该是"单张拍摄"和"连续拍摄"这两类，前者主要用于相对静止场景的拍摄，而后者通常是用于捕捉运动的主体，根据具体的情况，你还可以选择"连拍.HI"（A7RM2高速连拍可以达到5张/秒）或是"连拍.LO"（低速连拍约1.5张/秒），这与多数单反相机一样。

⏱10 自拍定时和 ⏱C3/2S 自拍定时（连拍）

自拍定时功能除了可以用于自拍全家福或者旅行自拍照片，它也是外出替代快门线的好方法。自拍定时（连拍）则是另一种很有用的自拍设定，这完美解决了自拍全家福时常会出现某人"闭眼"的情况，这样连续拍摄3张或者5张，总会有一张是比较好的。整体便利性提升了很多，基本上拍摄一次可能就足够了。

BRK DRO LO 阶段曝光和 BRK WB HI 白平衡阶段曝光

设定中你还会看到这两类曝光模式，它们等效于单反相机中的包围曝光和白平衡包围曝光。这类设定其实是胶片时代的产物，主要是应对一次曝光之后，后期难以调整的情况。而在数码时代RAW格式照片很方便使用，除非你需要拍摄多张数的HDR合成照片，否则真的没必要使用它们。

5.5 自定义按键的设定

自定义按键（机身上的C1、C2、C3、C4这几个键，当然方向键和中心键也可以自定义）的设置方法应该是A7系列相机，进阶技能当中的重中之重。根据我们对多名职业摄影师的采访，他们的自定义按键几乎都是不相同的。这些不同的设置主要与他们不同的照片拍摄方式有直接的关系，并不是所有的常用功能都设定在功能键上才是最好的，最常用的都在顺手的地方，更实用一些。

5.5.1 常规的设定方法

介绍摄影师的设定法则之前，我们先给大家推荐一些常规的设定方式的建议。以下我们会以A7系列的一、二代产品分别做范例说明。如果你之前是单反相机的用户，以下设定方案会让微单更加接近于单反的操作方式。当然这样的方案其实也是比较科学的操作方式，毕竟单反相机的设计已经非常成熟，经过了大量的实际操作测试，是有一定借鉴意义的。

索尼A7系列第一代机身自定义按键位置

一代机身设定（以A7R为范例）

控制拨轮——不更改；中央按钮功能——对焦设置；下按钮——对焦区域。
C1——ISO；C2——对焦模式；C3——测光模式。

索尼A7系列第二代机身自定义按键位置

二代机身设定（以A7RM2为范例）

控制拨轮——未设定；中央按钮功能——对焦设置；下按钮——白平衡模式。
C1——测光模式；C2——对焦区域；C3——AF开启；C4——静音拍摄。
可以选择将"半按快门AF"关闭；对焦模式建议——AF-C；对焦区域——锁定AF：扩展自由点。

拍摄时，可以按动C3开启对焦，同时根据环境的需要按动C4设定是否采用静音拍摄模式。如果你更多的是拍摄人物照片，那么可以将C3更改为"眼控AF"，当识别到人脸之后按动C3即可锁定人物的眼睛作为对焦点，非常实用。

5.5.2 转接手动镜头的设定方法

使用微单转接镜头也是许多摄影师和摄影爱好者购买它们的理由，除了少数佳能、尼康、康泰时的镜头可以实现自动对对焦，其余多数相机都是通过手动对焦的方式来进行拍摄的。初次使用微单的你可以按照以下方式设定，应该可以帮助你更好地完成拍摄。

一代机身设定（以 *A7R* 为范例）

控制拨轮——未设定；中央按钮功能——对焦设置；下按钮——测光模式。
C1——*ISO*；*C2*——放大对焦；*C3*——测光模式。

二代机身设定（以 *A7RM2* 为范例）

控制拨轮——未设定；中央按钮功能——对焦设置；下按钮——*SteadyS.* 焦距；峰值水平——中；峰值色彩——红。
C1——测光模式；*C2*——白平衡模式；*C3*——放大对焦；*C4*——静音拍摄。

拍摄时可以按动 *C3* 放大取景，在峰值提醒下精确完成对焦。同时可以在更换镜头之后，按动"下按钮"重新设定五轴防抖的焦距，提高第三方手动镜头防抖性能。

5.5.3 视频拍摄设定方法

为了方便视频的拍摄操作，它们的自定义按键设定往往与照片拍摄完全不同。首先需要将模式转盘转到"视频拍摄"模式下，调整镜头至手动对焦，并按动"*Fn*"键在"动态影像"中选择曝光模式，通常我们推荐选择 *M*（手动曝光）。接下来，你需要根据自己的具体需求在"*APS-C/Super 35mm*"选项中选择是使用 *Super 35mm* 画幅拍摄还是使用全画幅幅面拍摄（具体选择参考视频相关章节）。接下来在"文件格式"和"记录设置"当中确定你的视频拍摄模式。

如果你需要连接外置的视频记录仪来拍摄，则需要在"遥控"选项中选择"开"，并且在"*HDMI* 设置"中关闭"*HDMI* 信息显示"，并将"*TC* 输出"和"*HDMI* 控制"打开。假如你需要输出 *4K* 视频，还应该将"*4K* 输出选择"选项开启。

 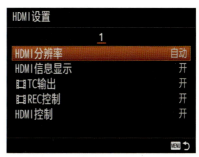

视频拍摄界面设置

接下来就是将你的相机自定义键按照常用的功能进行设定。

一代机身设定（*A7R*为范例）

控制拨轮——*ISO*；中央按钮功能——录音音量；下按钮——网格线；峰值水平——中；峰值色彩——红。

C1——白平衡模式；*C2*——斑马线；*C3*——图片配置文件。

二代机身设定（*A7RM2*为范例）

控制拨轮——*ISO*；中央按钮功能——录音音量；下按钮——网格线；峰值水平——中；峰值色彩——红。

C1——白平衡模式；*C2*——斑马线；*C3*——*MOVIE*；*C4*——图片配置文件。

花絮：摄影师们如何设定自定义按键

| 沈绮颖 |

我将C1设定为放大功能，主要是在用尼康手动镜头时放大确认焦点，这个过程会损失一两秒的时间，当然会错过一些画面，可是我觉得还可以接受。另外，我将C2设定为ISO，其他的都是默认的设置，我是一个很传统的人不喜欢设置太多的东西。

我将自定义按钮全部设满了功能。中央按钮设置为选择对焦点位置，按下去以后就可以上、下、左、右移动对焦点的位置。我将下按钮设置为对焦区域，可以选择广域、区域、中间和自由点。自定义按钮C1和C2我分别设置为ISO和白平衡，C3我设定为放大对焦，自定义按钮C4，就是标识为垃圾箱的那个按钮，我设置为对焦模式。中央按钮、下按钮和垃圾箱按钮这三个是我最常用的。

其中C2按键我使用比较多，它可以快速调节白平衡。这样在屏幕上看到的照片颜色就是我想要的颜色，我接受不了乱七八糟的颜色，即便是拍摄RAW格式后期可以调整。

另外，机身背面的AEL还保持原来的功能，不过我很少用。AF/MF设置为AF/MF控制切换，按下旁边的圆钮就是切换自动对焦和手动对焦。我设置的这种方式在选择对焦点方面会很快。

| 张千里 |

| 孙少武 |

我在水下很少用到快捷键，一般来说都进行手动调整，但我也设定了几个快捷键。比如，在水下拍摄微距或者手动对焦时需要进行放大对焦，其次主要用于调节二级菜单。因为我拍摄水下视频较多，有时候需要快速地连拍和调节水下自动白平衡，因此也会设定模式转盘上的自定义1、2，当我需要拍摄视频的时候我马上就可以使用这些设定。

在水下不可能慢慢拍，比如我拍摄鲸、鲨，我不可能追着它们拼命拍摄几百张照片，一些精彩的动物行为还是需要视频来动态记录。

我没用自定义键，因为我们使用相机也都是使用最简单的手动功能，通过实时取景和经验来控制一定的景深，所以我们很少使用那些自动化的功能。

| 傅兴 |

| 谢墨 |

我没有进行单独设置。在我习惯它的按键之后拍摄还挺快的。对焦区域选择的是中央转盘的"OK"键，比如说在拍摄舞者时我会将对焦区域先移到画面中所需要的位置。C2是测光模式，我一般使用中央重点平均测光。C3则是用来关闭液晶屏的按键，在我扫街或者需要省电时就会将它关闭。我也想知道赵嘉是怎么设置的，我也想吸取一下其他摄影师的按键设置。但是我觉得这个快捷按键对我来说不是很有意义。

我的四个个人风格设定分别是：
C1——对焦区域；
C2——Finder/Monitor选择（我设置了取景器EVF和机背LCD的手动切换，便于在ACTUS微单轨上取景）；
C3——放大对焦；
C4——眼控AF。
多说两句，我90%的照片都是使用M挡，手动曝光拍摄，并采用未压缩RAW格式拍摄。我尽量使用最低的ISO拍摄图片，换来更好的画质。即便在非常暗的环境下手持拍摄，我通常也不会使用高过800的ISO设定。

| 赵嘉 |

器材推荐

机身推荐

索尼RX1:一种对摄影师的解放

我曾幻想过这样一台相机,它既小巧又低调,除了相机最基础的功能之外,并不需要多强大的附加功能,但能够满足我拍摄的所有需求。我对拍摄的需求其实也很简单,由于我对画面本身的内容更为着迷,所以在器材上并没有过多严苛的要求。总结下来就是: 35mm定焦镜头,不引人注意的机身,安静的快门声,简单快捷的操作,可靠的性能,相对不错的画质,这些就能够满足我的拍摄需求。随着索尼RX1的诞生,这些需求都得到了满足。

RX1RM2主要参数信息

像素数量	4,360万像素
照片尺寸	7,952×5,304(无损RAW格式文件月85MB/张)
对焦点数	399点相位对焦点
连拍速度	5张/秒
视频格式	最高支持1,920×1,080p: 60 fps 机内录制
取景器	0.74×倍率,236万点EVF
相机规格	113.3mm×65.4mm×72.0 mm / 507 g

索尼RX1RM2(2015年发布)

索尼RX1是我真正意义上第一台喜欢上的相机,可以用爱不释手来形容,它绝对是一台拍摄纪实报道摄影的专业相机。我带着这个小巧的家伙在国内到处拍摄,也带它去中东地区,拍摄那些生活在异处的人们,总之去哪里都会带上它。第一次见到它是在和赵嘉老师一起去云南出差的路上,好想拥有这样一台小相机,过了两年,这个愿望才得以实现。

[上图；摄影：李亚楠；光圈 f/10，快门1/250s，ISO100；相机：RX1]

2014年10月29日，在两伊边境遗留着大量两伊战争时的遗迹。一群伊朗女学生爬上一辆报废的坦克，其中一名女孩儿张开双手面朝伊拉克方向。

我拍摄的大多数照片都是用35mm定焦镜头完成的，我十分喜欢这个焦段所展现出的视角，因此在很多拍摄的时候，我只带着一台RX1就足够了，反而如果没有带它，我心里会觉得不踏实。一开始选择RX1，也仅仅是因为它的35mm定焦镜头，而用熟练之后才发现，它调整光圈和快门都非常方便。自己设置的快捷键，使得调整ISO也非常快捷。之后很多时候拍摄照片，我都不再看相机的背屏，直接挂在胸前只按动快门即可。它安静的快门声和小巧的机身，都不会引人注意。在拍摄一群人的时候，尤其是在街上扫街拍摄时，简直比手机还好用。

我拍摄的专题大多分为两大类，一类是中东地区，因为战乱而离开自己家乡的人们，比如叙利亚人、阿富汗人、巴勒斯坦人等；在国内，我主要拍摄的是西北和东北这两个大区域，而且大多是一些重工业城市，或者是正在没落的资源枯竭型城市。我小时候生活在山西太原，也是一座重工业城市，我去西北和东北一些地方，看着那些城市会有一种类似的亲切感。这些重工业城市的气质、那里的中年人，看着就像我的生活环境以及我的父辈。再加上自己现在离开家乡，在北京生活和工作，是一种新生代的"移民",并且是自己选择的"移民";而在西北和东北的那些重工业城市生活的很多人们,都是因为政策而"移民"的,是一种被动的"移民",在这方面我们也会有一定的相似性。这些"移民"中最出名的可能就是三峡移民。我上大学的时候也去贵阳拍摄过一些因三线建设而定居在贵阳的上海人,不过这些人群的亲切感不如支援大西北、东北老工业基地的这群人。后来我觉得自己的精力只能顾得上一面,就选择了西北和东北两大区域,每年要去好几趟。

以上这些拍摄内容,都是用RX1一台相机去完成的。因为器材的减少,镜头数量的减少,反而是一种对摄影师的"解放",我觉得这并不是一种限制。不用想过多关于器材、关于镜头焦段的事情,只需要认真去拍摄自己想要拍摄的内容就可以,这样更专注、更自由。再配合上RX1小巧低调的机身、安静的快门,无论是与人接触之后进行的拍摄,还是不与人进行交流默默拍摄的照片,都能够在不影响他人的情况下进行,让我的被摄对象保持他们应有的状态。

2014年10月4日,约旦巴卡。约旦居住着很多数次中东战争之后逃至这里的巴勒斯坦人,在巴卡巴勒斯坦难民营内,一个男孩正在给自己的玩具枪上子弹。

[下图;摄影:李亚楠;光圈 f/8,快门 1/500s,ISO100;相机:RX1]

[上图；摄影：李亚楠；光圈 f/10，快门1/250s，ISO100；相机：RX1]

2015年2月10日，甘肃白银。司机陈师傅正在驾驶上游型蒸汽机车牵引当日最后一班深部铜矿的通勤车驶向矿山站，一旁的副司机贾师傅正在往炉内添煤。这是中国最后的准轨客运蒸汽机车，已于2015年11月20日正式退役。

当然再好的器材也不是完美的，*RX1*有它自己的缺点，那就是对焦系统不太好。由于使用反差对焦，因此在光线弱的情况下，自动对焦功能过于犹豫，经常出现对不上焦的情况。这种时候我会换为手动对焦，不过*RX1*是电子手动对焦，这种手动对焦模式在拍摄静物、风景的时候还是很好用的，但是拍摄纪实类的照片，被摄对象总是动来动去，或者摄影师本身要不断移动位置的情况下，非常不好用，会大大降低拍摄的效率。如果*RX1*能将对焦系统改变，尤其是手动对焦变为机械式的手动对焦，那么这台相机对于我来说，简直是完美的。

镜头推荐

Sonnar T FE 35mm F/2.8 ZA*

Sonnar T* FE 35mm F/2.8 ZA是一支小广角定焦镜头。相比于视觉冲击力更强烈的24mm和28mm镜头，35mm镜头的视角更加自然，这有点类似于50mm标准镜头的感觉。但是相比于标准镜头的视角，35mm镜头的视角更广，可以更多地表现画面主体周围的环境。因此35mm镜头具有更强烈的现场感，画面元素更加丰富和立体。另外，大光圈所营造的独特氛围能够进一步突出主体，带来视觉上的张力。

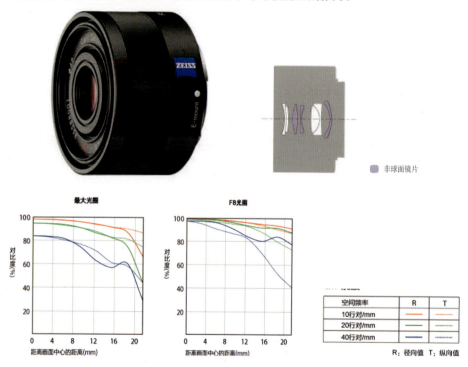

35mm定焦镜头适用的题材非常广泛，从风景、室内摄影、环境人像到人文纪实。35mm定焦镜头也是很多职业摄影师最常用的镜头，它可以和超广角变焦镜头以及长焦镜头搭配组成镜头系统，以应对新闻报道、现场纪实等需要多视角记录的拍摄工作。对于普通的摄影爱好者而言，35mm的定焦镜头可以生动地记录生活，你可以用它来拍摄亲友之间的聚会、餐桌上的美食、旅途中的风景等。

Sonnar T* FE 35mm F/2.8 ZA非常轻便小巧，类似于饼干镜头。试想一下，当你漫步在街头需要拍摄穿行而过的行人时，一支足够低调的镜头可以帮助你不被察觉地完成瞬间抓拍。5组7片的Sonnar结构在简单紧凑的设计中实现了较好的成像效果，其中3片非球面镜片可以改善中心和边缘成像质量存在差异的问题。在光圈全开时，中心和边缘的反差相当不错，不过边缘锐度相比于中心锐度下降比较明显。蔡司的T*多层镀膜技术能够减少眩光和鬼影。虽然这支镜头的光圈不是足够大，但是由于其轻便易于携带的特点以及定焦镜头固有的高成像质量，它作为挂机镜头真是再好不过了。如果你追求35mm的视角、更大光圈的焦外效果、更极致的成像质量，那么Distagon T * FE 35mm F/1.4 ZA将会是你的不二选择。

[上图：摄影：张轶，光圈 f/4.5，快门 1/320s，ISO100；机身：A7RM2，镜头：FE 24-70/4 ZA]

蔡司 Batis 25mm F/2

25mm是蔡司广角定焦镜头的经典焦段，其中一些代表作品包括用于蔡司依康系列的Biogon T * 25mm F/2.8 ZM、用于康太时相机C/Y卡口的Distagon T* 25mm F/2.8，以及用于尼康、佳能相机的Distagon T* 25mm F/2.8 ZF/ZE或者Distagon T* 25mm F/2.8 ZF/ZE等。

在胶片时代，Biogon结构非常完美。基于简洁的对称光学结构，Biogon结构的广角镜头几乎没有任何畸变、成像平面非常平坦、色彩出众、体积小巧。由于Biogon结构的后组镜片离胶片非常近，没有反光镜的空间，因此这种结构基本都在旁轴相机或大中画幅技术相机的镜头上使用。

然而进入数码时代以后，感光元件对直射光和斜射光的收集能力存在显著差异，如果仍然使用Biogon结构，那么镜头将出现明显的暗角。于是，Biogon结构逐渐淡出了历史舞台。

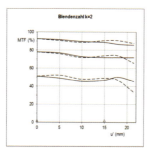
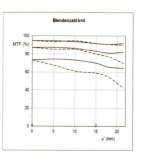

　　Distagon结构是反望远结构，后镜片元件和成像平面之间的距离大于实际焦距，常用于单反相机的广角镜头。尽管Distagon结构存在诸如畸变更大等问题，但是它可以使光线垂直投射在胶片或者感光元件上。因此Distagon结构是最适合数码相机的结构。在加入各种优化的光学设计和镜片材料之后，Distagon结构的镜头的成像质量基本不弱于Biogon结构，但是付出的代价是更复杂的镜片结构、更昂贵的镜片成本和更大的镜头体积。另外，Distagon结构可以完美匹配无反光镜的微单相机。

　　蔡司Batis镜头是专门为索尼全画幅微单相机设计的，可以自动对焦，能够发挥高像素的细节表现力。尽管Batis镜头的画质不算顶级，但是其价格不贵，性价比很高。

[上图：摄影：赵嘉；光圈 f/2.2，快门 1/30s，ISO400；机身：A7RM2，镜头：Batis 25/2]

Batis镜头的一个创新设计在于使用OLED显示屏来标识距离和景深。OLED由柔性材料制造，因此可以很好地贴合镜头的弧面造型。防水防尘的整体设计使Batis镜头具备全天候的拍摄能力。

Batis 25mm F/2采用了Distagon结构，镜片结构为8组10片。其中5片镜片由特殊玻璃制造，主要是为了在减少镜组（为了提高AF速度）的情况下保持足够均匀的全像场分辨率，另外也可以减少色差，具有更好的色彩传递。4片非球面镜可以有效地校正广角畸变，提高大光圈下的边缘成像质量。浮动镜片可以在近距离对焦时补偿像差，从而得到高质量影像。这支镜头的最近拍摄距离可以到0.2m。

蔡司Batis 25mm F/2这支定焦镜头在带来宽广视野的同时也呈现大光圈的浅景深效果。快速自动对焦可以实现迅速的抓拍。因此这支镜头很适合拍摄风景、建筑、纪实、报道等题材。

蔡司Batis 85mm F/1.8

85mm中焦距定焦镜头特别适合时尚摄影、人像摄影、纪实摄影等，大光圈可以带来赏心悦目的焦外效果，将主体和环境分离。

针对索尼的全画幅微单，除了广角定焦镜头Batis 25mm F/2之外，Batis系列还包括中焦定焦镜头Batis 85mm F/1.8。这支镜头采用了Sonnar结构，以简单的光学结构实现较好的成像质量，同时AF速度可以很快。Sonnar结构具有非常好的像场均匀度，最重要的是它的焦外效果非常柔和。

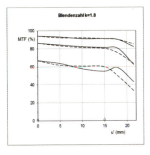
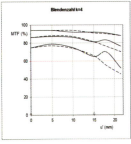

在8组11片的光学结构中，使用了3片特殊玻璃。这支镜头也采用了浮动镜片的设计，通过后组镜片中的一片或一组在近距离对焦时的非线性运动来确保正确的补偿。另外，这支镜头的光学防抖技术可以在低照度的拍摄环境下提供清晰稳定的影像。

[后页图：摄影：赵嘉；光圈 f/2，快门1/125s，ISO200，机身：A7RM2，镜头：Batis 85/1.8]

花絮：摄影师对于蔡司Batis和ZM系列镜头的讨论

> Batis 85mm F/1.8我没有使用过，主要是因为它有些大了，我更喜欢ZM的那种很小，可以放进口袋的东西。

| 沈绮颖 |

> Batis 85mm体积大有两个原因。一个是成本因素，另一个就是自动对焦系统需要一些驱动的设备。并且Batis还有防水滴设计，镜头最后面也增加了一个防水圈。虽然不能像佳能L镜头那样在大雨里使用，小雨里应该是没有问题的。我几次在海拔5,700m的地方搭配A7R和A7RM2用都没问题，零下20摄氏度时使用也没有大问题。

| 赵嘉 |

> 我也不喜欢它那个OLED的显示屏。

| 沈绮颖 |

> 但那个很有用，比如说现在要拍坐在对面的那个人，现在大概4m，那么我可以直接看标尺窗调到4m。

| 赵嘉 |

> 那手动不是更好吗？直接调到那里就好了。

| 沈绮颖 |

> 手动镜头靠转接上去对焦不一定准，因为你增加了一个转接环，Batis的这个标尺很准确。

| 赵嘉 |

> 可能我还是比较老土的，很喜欢那种有手感和触摸感的东西，你可以感觉到对焦环在转动。蔡司ZM镜头很锐，如果没有红移的问题，我一定就买它了，我很喜欢ZM原始的感觉。

| 沈绮颖 |

ZM的广角镜头使用对称的光学结构,所以目前真的是没有办法完美地解决红移问题。

｜赵嘉｜

我用ZM 25mm F/2.8镜头去拍摄一个工作,整个房间画面旁边两侧都是紫的,这肯定是不行的,是对工作不负责的一种表现。我觉得我不应该这样子,我是专业人士,因此就买了Batis 25mm镜头。其实我还是更喜欢ZM的感觉。

｜沈绮颖｜

可惜Batis的对焦不能机械联动,而是电动牵引的,手感不太好,感觉不到对焦的位置。不像徕卡镜头的"月牙",能明确知道哪个位置是3m。

｜赵嘉｜

是啊,我当然喜欢徕卡镜头,因为我手动到哪儿,就知道在什么距离了,都不用看。我用RX1R时光圈一般都在镜头上设置,但现在用Batis就需要用拨盘来旋转,这个我还是觉得不太方便。因为我这只手受伤后还是有点不方便,所以我还是喜欢RX1R的设计。我就不太理解为什么Batis上不能这样设计。

｜沈绮颖｜

镜头由机身控制有几个优点。首先是镜头的封闭性会更好一些,不容易进灰,还有就是前面说的防水滴性能。

｜赵嘉｜

哦,对,RX1R很容易进灰尘,我现在已经有点不知道怎么清理了。

｜沈绮颖｜

自己没办法清理,因为它不能打开。所以和ZM比Batis虽然体积大了一点,但也是有原因的,从实用的角度来说它还是更好的选择。

｜赵嘉｜

[右页图:光圈f/16,快门1/20s,ISO500;机身:A7,镜头:FE 16-35/4 ZA] 【R】

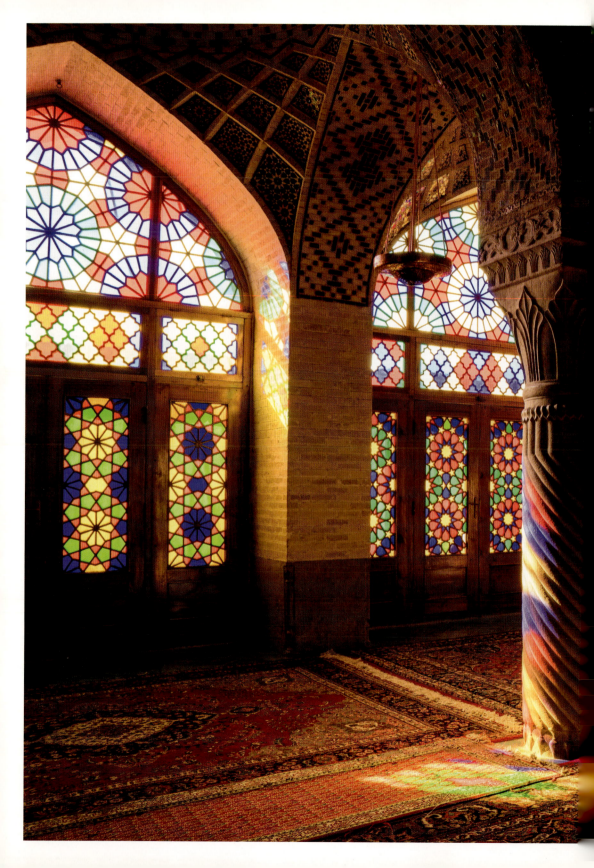

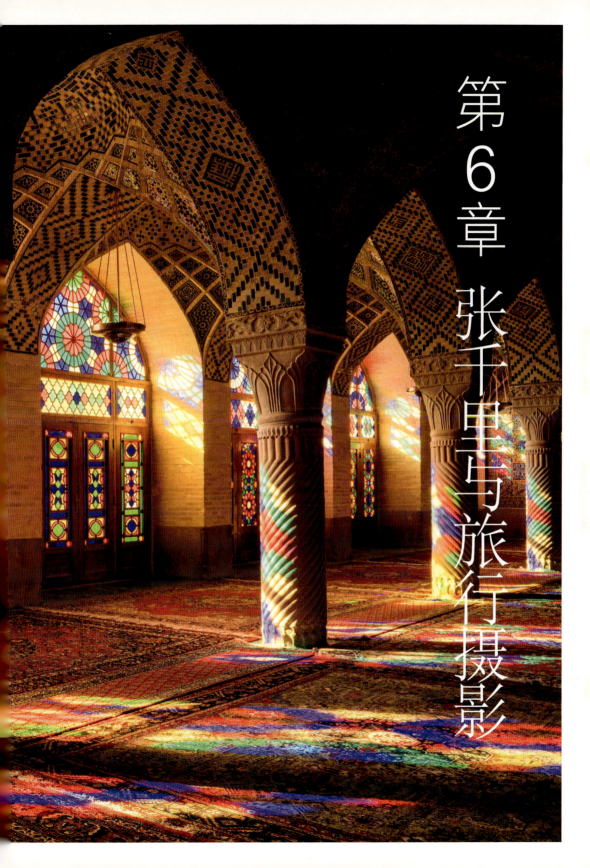

第6章 张千里与旅行摄影

引言

正处于上升时期的旅行摄影师张千里特别注重器材的轻便灵活性和拍摄效率。目前他正在逐渐减少使用单反相机的频率，能用微单拍摄的就全部用微单来拍摄。具体地说，就是用微单+变焦镜头拍摄风光题材，用徕卡M旁轴相机+定焦镜头拍人文题材，用A7S或者A7II拍摄视频，这种高效实用的摄影规划很值得学习。

采访：对话张千里

赵嘉：先谈谈你开始使用索尼A7系列全画幅微单相机的经历和感受吧。

张千里：我最早使用的是索尼A7R。我在它发布之前拿到了样机，去美国拍摄了奥迪汽车的项目。那次感觉还是挺不错的，第一次用到了那么小而且还是全画幅的机器，画质和其他各方面的表现都很不错，所以我对这个系列的印象非常好。

后来我逐渐减少了使用单反的频率，能用微单拍摄的就尽量全部用微单来拍摄。A7/A7R是2013年10月发布的，我12月去了土耳其，再次携带了A7R，使用了索尼原厂镜头和转接的M卡口镜头来拍摄，更感觉到这个系列将会蛮有前途的。当然那时候还不完美，发现了许多问题。我将这些问题反映给索尼，然后在A7M2、A7RM2上相应地就有所改变了。现在的微单相机越来越成熟了。

赵嘉：你现在最常用的A7系列配置是怎样的？

张千里：我现在使用的机身是A7RM2，Vario-Tessar T* FE 16-35mm F/4 ZA和FE 70-200mm F/4 G OSS这两支镜头用得比较多一些。但是大部分时间我都是使用Vario-Tessar T* FE 16-35mm F/4 ZA，因为我本身比较习惯这个焦段的镜头。Sonnar T* FE 55mm F/1.8 ZA这支镜头的成像非常不错，不过我很少使用定焦镜头。

我现在用索尼加变焦拍摄风光，用徕卡加定焦拍人文。另外，我用A7S或A7M2搭配Sonnar T* FE 35mm F/2.8 ZA和Vario-Tessar T* FE 24-70mm F/4 ZA拍摄视频。

赵嘉：定焦你只用Sonnar T* FE 55mm F/1.8 ZA和Sonnar T* FE 35mm F/2.8 ZA？

张千里：对，索尼也没有太多可选择的，还有的定焦镜头就是FE 90mm F/2.8

Macro G OSS和Distagon T* FE 35mm F/1.4 ZA。FE 28mm F/2的画质我不太满意，看了样片以后就没有再用。

赵嘉：现在索尼有三款第二代微单相机了，你觉得它们能够满足你作为职业摄影师90%的拍摄需要吗？

张千里：能够满足80%的需求吧。

赵嘉：那在什么情况下你要使用其他相机?

张千里：体育题材我拍得很少，但是我会经常拍摄野生动物题材。如果将长焦镜头转接到微单上，我觉得不是很靠谱，会慢一些。另外，我现在拍人文很少用A7系列，因为我觉得快门声音还是有点响，哐当一声，最好快门声音再温柔一点，不要那么响。

[下图：摄影：张千里；光圈 f/4，快门1/80s，ISO400；机身：A7R，镜头：FE 16-35/4 ZA]

[上图：摄影：张千里；光圈 f/4，快门 1/40s，ISO1600；机身：A7R，镜头：FE 24-70/4 ZA]

赵嘉：A7RM2应该会好不少，也有静音快门功能。不过在使用静音快门之后图像存储就只能使用12bit了，这样会降低画质。那么你觉得A7RM2有哪些优势？

张千里：五轴防抖非常有用，以前觉得拍不了的现在都可以拍，而且在拍视频的时候挺管用的。在没有稳定器的条件下也能拍到不错的效果，要是有稳定器的话，那个稳定程度就像是上了导轨似的，真的是太给力了。弱光拍人文的时候，用蔡司 Sonnar T* FE 35mm F/2.8 ZA那支镜头，几分之一秒基本上没有问题。

赵嘉：说了优势，那你觉得A7系列微单相机有哪些不顺手的地方？

张千里：在手动对焦的状态下距离标尺不是很准，这件事有时候会困扰我，不知道是我自己错了还是相机错了。还有就是耗电的问题，我现在出门不带四五块电池心里不踏实。

赵嘉：A7系列微单的电池容量是1,000毫安，而佳能或者尼康单反的电池容量都是2,700~2,800毫安。所以如果佳能或者尼康的单反相机可以拍1,000张照片，而索尼的微单相机只能拍400张，我觉得这很正常。

张千里：我知道微单相机的电池容量小，但是我希望索尼做一块同体积大容量的电池。拍完回去还得充电，很麻烦的，有时候我要定个闹钟半夜起来换电池充电。

赵嘉：你可以尝试用华强北生产的双向充电器。

张千里：我是有双充（充电器），有时候我还连机器一起充，三充。
不过有时候一天用三块电池还是不够，尤其是去冷的地方。充电宝还是很给力的。我上次去徒步，营地没有电，于是我就拿出充电宝插上去充满了两块电池。但是用佳能的同伴又过了两天才快没电的，我们用充电宝对电池充电的时候，人家根本无所谓。（笑）

[下图：摄影：张千里；光圈 f/16，快门4s，ISO100；机身：A7R，镜头：FE 24-70/4 ZA]

赵嘉：还有哪些不顺手的地方？

张千里：我之前一直跟索尼说最好做一个混合取景器，带光学取景器而不是纯电子取景器。电子取景器有它的弊端，而且眼睛看得好累。拍风光还行，因为还可以用LCD辅助。要是用电子取景器拍一天人文，那眼泪哗哗地流。我在土耳其拍摄，那边几乎全是人文题材，那感觉真是受不了。大家对于取景器真是有需求的，光学取景器要舒服多了。我的徕卡旁轴相机用的是35mm镜头，我都装了外置取景器，比机内的取景器要亮好多，好舒服。我看你的RX1也用外置的光学取景器。

徕卡M系列相机的优质旁轴光学取景器以及富士X-PRO2的混合取景器是许多摄影师钟爱它们的理由之一

赵嘉：对，我还是习惯使用光学取景器，方便而且明亮，尤其是在暗光下构图。你通常选择哪种对焦方式？

张千里：看情况。如果拍摄风光就用手动对焦；如果拍摄野生动物，就要看它们的运动速度，运动速度快的话就用广域对焦，运动速度慢的常规能追上的话就用单点移动对焦。我拍摄野生动物都是选择连续自动对焦。另外，我觉得A7所有的按钮太小了，而且很平，我戴手套操作非常困难。另外，我希望存储卡的写入速度更高一些，更新存储卡的接口就会好很多。

赵嘉：那么你认为目前A7系列微单相机可以和单反相机媲美了吗？如果让你从头买第一台相机，你会选择微单还是单反？

张千里：我肯定不会去考虑单反。如果要我推荐购买相机，我会建议买A7系列的全画幅微单相机，选择一款可以负担得起的即可。因为我觉得对大部分人来说，没有太大的必要再去使用单反。刚才我提到20%我会选择其他相机的原因是，有时候客户觉得你的相机不够大！

赵嘉：我知道你也在用徕卡M相机，你认为它和A7RM2的画质差别大吗？

张千里：没法比，一个4,240万像素，一个才2,400万像素，像素差好多。

赵嘉：那你为什么还在用徕卡？

张千里：最主要的原因还是徕卡的操作系统，M系统还是有它的优势，而且M系统很适合我，所以我会继续用。

赵嘉：主要还是出于操控方便的考虑？

张千里：对，它的画质本身是OK的，细节、色彩都是可以接受的。

赵嘉：你还会转接A系列Vario-Sonnar T* 24-70mm F/2.8 ZA SSM、70-200mm F/2.8

［下图：摄影：张千里，光圈 f/2.8，快门1/10s，ISO500，机身：A7M2，镜头：FE 35/2.8 ZA］

G SSM以及其他单电系列的定焦镜头吗？

张千里：不会，这些镜头体积很大，转接就完全失去微单相机的意义了。另外，转接环有半透膜，转接之后画质也不会太好。

赵嘉：半透膜只要干净，其实也不会太差。

张千里：如果你放大照片看细节，有些点本来应该是一个点，但是它会呈现出好像是一个小圈的那种感觉，挺奇怪的。

赵嘉：还觉得FE镜头有什么不足吗？

张千里：后期必须加载镜头配置文件，不然镜头畸变会很奇怪。后期我用Lightroom，比如Vario-Tessar T* FE 24-70mm F/4 ZA的畸变在加载和不加载镜头配置文件的不同处理下会差别很大。

赵嘉：是，现在镜头在设计的时候不太考虑畸变的问题，因为保留畸变可以提高其他性能，而畸变本身很容易通过后期校正。

张千里：但是对于初级摄影爱好者来说，他们不知道要校正畸变这回事，往往是拍几张JPG格式的照片就结束了。

赵嘉：JPG格式的在机内也可以校正畸变啊。

张千里：是这样，但它会消耗机内资源，导致相机的速度变慢。A7系列微单还有一个问题是机身的存储卡接口还是一代接口，要是升级到二代接口，那么读写速度会快很多。我有不少读取速度是280MB/s的高端存储卡，但是存储卡的接口并不支持这么快的读取速度。现在一张无损RAW文件的大小就是80MB了，再加上一张JPG格式就超过100MB了。

赵嘉：现阶段你带着A7系列微单相机去过的最恶劣的环境是哪儿，相机有没有出过问题？

[右页图：摄影：张千里；光圈 f/11，快门30s，ISO100；机身：A7RM2，镜头：FE 70-200/4 G]

张千里：我带着A7系列去过好多地方。比如我去北极拍北极熊，零下30多摄氏度。还有在暴风雪下拍极光，风大到脚架撑在那儿，没扶着它，一转身脚架就直接被吹倒了。风吹过来大片的雪，每拍一张照片就要把镜头前的雪全部去掉，然后一瞬间又盖上了，特别麻烦。温度也很低，每拍摄半小时就要更换电池。我戴着手套没办法抠开电池盖，只能脱掉手套去换电池，手伸出手套十秒钟就没知觉了，太痛苦了。上次去阿尔山气温也是零下二三十摄氏度，A7M2能扛下来，但是一些配件坏了。比如快门线的外皮完全不抗冻，变得很脆，一会儿就断掉了。那次用A7R去盐湖拍摄奥迪汽车的项目，拍摄完后我浑身是盐，相机上也都是盐，我拿湿布把相机擦得很干净。A7R那台相机到现在功能还很正常，盐水对它没有什么影响。

赵嘉：寒冷的天气条件下液晶屏还能正常显示吗？

张千里：能显示，但是有时候液晶屏两边会出现像是冻坏了的两道黑条。当时是零下二三十摄氏度，液晶屏的两边会出现这样的黑条，但是只要回到温暖的地方黑条

［下图；摄影：张千里；光圈 f/8，快门 1/50s，ISO100；机身：A7RM2，镜头：FE 24-70/4 ZA］

就慢慢消失了。我也听说过索尼的整个液晶屏在低温下完全显示不了的情况。极寒的天气下还有一个问题是按键乱跳，就是说按下一个按钮出来的是另一个按钮的功能。还有就是拨一下拨轮后可能会跳很多格。

赵嘉：这个我也遇到过。在寒冷的时候你用EVF取景器还是液晶屏？

张千里：基本上还是液晶屏，我带着护目镜或者墨镜，所有很少有机会再用取景器。要是戴着雪镜根本没法取景，所以就全部用液晶屏来取景。

赵嘉：现在A7系列有好几款型号了，针对初学者的选择你有哪些建议？

张千里：首选就是A7RM2，它比较全面，各方面都没有太大问题。如果预算不足就选A7M2，它还是蛮强大的，只是像素低一些，视频效果稍微差一些，其他基本上都比较接近。当然，对焦速度A7RM2比A7M2要快得多。

赵嘉：如果为新手推荐镜头，你觉得最值得买的索尼FE镜头是什么？

张千里：如果让我推荐，必然是Vario-Tessar T* FE 16-35mm F/4 ZA。因为我会用它拍摄风光，拍人文的话16-35mm也是很不错的焦段。第二支镜头的选择要根据拍摄需要来定。如果拍人像，可以考虑Sonnar T* FE 55mm F/1.8 ZA或者蔡司Batis 85mm F/1.8，这两支镜头都很不错，但是Batis镜头不容易买到。如果拍风光比较多，其实FE 70-200mm F/4 G OSS也可以考虑，那支镜头毕竟小巧方便，值得推荐。

赵嘉：我工作时总带着70-200mm镜头，但是其实很少用。

张千里：我也只是某些情况下要剪切画面才会用到。A7这个系列改变了很多，重量轻了很多，尤其徒步的时候，稍微重点真的是受不了。减轻重量以后我可以带点别的东西，比如无人机。从A7R开始我就把它当作作小的数码后背在使用了，架上三脚架，手动对焦，精确地控制好焦点和景深，这样得到的画质真的很好，做接片也能做到很大像素。现在4,000多万像素的A7RM2就更好了。

[后页图：摄影：张千里；光圈 f/11，快门 1/5s，ISO100；机身：A7RM2，镜头：FE 16-35 /4 ZA]

A7 系列的镜头转接

6.1 "万用"的数码后背

微单相机的转接优势，自索尼NEX系列相机推出时便备受瞩目。而索尼A7系列全画幅微单相机则更是被当作"万用数码后背"来使用，胶片时代许许多多的老镜头都可以转接到它上面来使用，再也不用纠结APS-C画幅对镜头视角的改变。而这一切的开始都起源于E卡口有18mm的超短法兰焦距。

相对而言，徕卡M系列旁轴相机的27.8mm、佳能单反相机EF卡口和尼康系列F卡口的44mm和46.5mm都长了很多。更短的法兰距意味着我们可以通过转接环增加法兰焦距来实现转接，因此A7系列相机几乎能转接绝大多数相机的镜头，无论它是135相机镜头，还是中画幅相机镜头，甚至是电影镜头。只要像场能够覆盖全画幅感光元件，理论上都可以转接使用。这是相机史上第一次我们可以将笨重的超长焦镜头、专业的移轴镜头和小巧的旁轴镜头，不同品牌、不同卡口、不同规格的镜头，混用在一台相机上，这感觉真的挺奇妙。

短法兰距相机可以通过转接环增加法兰距从而转接其他镜头

6.2 转接的优势和劣势

6.2.1 优势：充分运用镜头

如果你是一位狂热的相机镜头爱好者、收集者，或者是从事多门类题材拍摄的职业摄影师，经常会使用不同的相机系统来进行拍摄，有时甚至希望能够将不同的系统进行混用。在过去，你通常需要多台不同的机身与镜头匹配，即便这样的性能匹配是最优的，但太多的器材却并不适合拍摄。有时一支镜头你外出只会用很短的时间，不带会浪费拍摄机会,带上又得增加很多负担。同理,如果你已经购买了同一个厂商的许多镜头,又纠结于是否要换门时卖掉原有镜头,购买新的镜头。正是由于索尼A7系列相机能够轻松转接,这个问题被弱化,很好地提升了镜头的使用效率,变相为我们剩下了一笔不小的预算。

除了能使用原厂镜头这种"省钱"的办法,转接还能"省事",虽然索尼原厂镜头群在不断增加,而且更新速度不慢,但在专业镜头领域依然有不少局限。不过,假如将可转接使用的单反镜头群纳入选择范围,反而对于微单也是一个优势。同时,除了大量结构优异的单反镜头,如果你追求极致小巧的整体体积,也可以使用经过数字优化的旁轴镜头。加上索尼机身本身所具有的轻便、较好的宽容度和画质的优势,足以胜任摄影、摄像等多方面的任务。而你所要做的,不过是为不同卡口的镜头配备不同的转接环就行。

花絮:专业镜头的转接使用

|傅兴|

在我们的日常工作中,目前单反相机的使用率比微单相机多一倍,也就是2:1的比例。主要原因是我们的拍摄题材中有不少建筑,而微单相机缺少移轴镜头,所以我更习惯将它作为辅助用机,使用转接环转接佳能的移轴镜头。

还有一个原因是佳能作为一个老牌的相机供应商,它十分了解客户的需求:需要什么样的镜头?按键位置和使用强度会对相机带来什么直接后果?所以我们使用起来非常方便。

不过我觉得在建筑摄影领域,微单作为辅助用机是完全没有问题的。如果拿它当作主力机就需要搭配优质的转接环来使用其他厂商的移轴镜头,也足以完成工作。

我使用的是一个不到1,000元的国产转接环,因为建筑摄影基本都是用超焦距、全景深,很多时候都是24mm这种大广角搭配f/11的光圈。所以不用担心浅景深中会出现的转接精度问题。

其实还是要警惕接环的精度问题,这里的问题可能有两个:一是转接环前后两个平面是否平行,这两个平面如果不平行就会导致光轴与CMOS不垂直;二是补偿法兰距,如果不是十分精确可能在大光圈下会出现景深问题,好在实时取景可以直接看到问题所在。你可以试试Metabones的转接环。

|赵嘉|

索尼A7系列相机可以使用原厂转接环转接A卡口镜头使用

6.2.2劣势：匹配性差异明显

由于转接环绝大部分都是由第三方厂商制造的，不同厂商的材料、加工、技术、设计水平的差异，都会导致转接时匹配性的差异。这其中会涉及相当的细节问题，金属材质的强度、加工的精度、内部消光处理设计、电子部分的稳定性和耐用性等。并不是简单的合金就可以制作，也并不是把镜头转接上就万事大吉了，问题依然很多。比如，国产咔莱的佳能电子转接环就不能兼容很多蔡司ZE卡口的镜头，但是Metabones的电子转接环就能很好地使用。而使用同样的佳能镜头，对焦性能等方面两者之间的差异也是能明显感觉到的。使用一个较差的电子转接环不仅会影响你的拍摄效率，同时也有很大可能会损伤镜头。

除了接环上的区别，机身内部的*CMOS*、机械机构也会有影响。比如，*A7*一代产品的塑料金属混合卡口相对于二代的全金属卡口，在转接方面就没那么耐用。同时，*CMOS*上保护玻璃的厚度以及其自身的设计差异，对于转接的画质也有非常大的影响。现阶段依然还是*A7RM2*最适合转接，其他机型都没有那么完美。作为一款"*135*相机数码后背"，镜头、转接环、机身三部分都很重要，缺一即难以得到最佳匹配性。

花絮：转接环的选择

转接环中的门道其实挺多的，国产品牌、进口品牌都有，而国产新品牌的产品尤其多。但我们并不推荐购买一些过于便宜的国产转接环，不好用或者兼容性不好就得不偿失，最好还是选择一款优质的产品。比如，日本福伦达*voigtlander*制造的徕卡*M*口转接环、*Metabones*制造的佳能自动对焦转接环、德国路华仕*Novoflex*的各种接环。而国产的则推荐*KIPON*、咔莱、徕纳等品牌。品牌之间的差异通常都会在价格上体现出来，所以依然买你能买得起的最好的。

Metabones提供多种高品质的转接环，特别是它的电子接环性能优异且稳定

Novoflex（路华仕）是德国生产的高精度转接环，品质不错，价格也不太高

福伦达生产的M卡口转E卡口微距转接环可以增加旁轴镜头的近摄性能

国产品牌Kipon价格适中，同时质量也很不错，值得入门转接用户关注

花絮：峰值对焦可靠吗？

对于镜头的转接使用，多数情况下我们都需要使用手动对焦的方式进行操作，如何快速有效地手动对焦就是每一位摄影师都会遇到的问题。过去，使用单反相机时我们会使用裂像屏进行辅助手动对焦，而使用旁轴相机时则可以更加方便地使用黄斑对焦。对于微单相机，我们更多的则是采用放大对焦和峰值对焦的方式进行辅助手动对焦。放大对焦很准确，但是对焦速度很难提升。而峰值对焦则是一种源于视频行业中的技术，它主要提供给摄影师一个大致的景深判断。它的原理主要是描述画面中高反差画面的位置，对于景深较大的视频画面能较好地进行提示，但用于微单上则不是太可靠。特别是在大光圈、小景深的环境下峰值对焦的准确性就不太高，只能给予大概的提示。

峰值对焦可以提供一个大致的参考，但它并不一定准确

采访：摄影师们对于峰值对焦的意见

> 我觉得峰值对焦时的颜色就只有红黄白有些单调了，比如我进入了一个暖调的房间中，用暖调的峰值对焦就很难进行观察，所以如果能把峰值中的白色改为蓝色，这样的冷色调可能会比较好用一些。

｜谢墨｜

> 这还真是一个挺小的细节，我之前也尝试使用峰值对焦拍摄但是我总是感觉对焦不是特别准，是不是手动镜头使用峰值对焦比较好？

｜吴芎｜

> 我用多了它还是挺准的，对焦时不要使用最大光圈，收缩两挡光圈之后基本都能对上焦。

｜谢墨｜

> 我觉得现在的取景器虽然开始进化得越来越好，但是峰值对焦还是不靠谱。

｜Jacky Poon｜

> 峰值不太好，我不喜欢。用峰值或者放大对焦没法得到快速的操作，而且也不准，包括下面提示的对焦距离也不够准。

｜张千里｜

> 我没有用峰值对焦，我自己不太能接受它的对焦提示。一开始的时候我用过，但觉得对不上，后来我就把它关了。我觉得使用蔡司和徕卡镜头的时候很锐，我就用眼睛看，觉得好了就拍了。尤其是徕卡Summicron 50mm F/2，对焦90%都是准的，不用放大。

｜沈绮颖｜

[右页图：光圈 f/5.6，快门 1/250s，ISO200；机身：A7R，镜头：FE 16-35/4 ZA]

6.3 单反镜头转接

6.3.1 转接单反镜头的优势

除了前文中提到的优势,单反镜头转接还可以得到更多大光圈镜头、长焦镜头以及超广角镜头。而且它们的画质也都还不错,总体来说转接画质劣化的问题会远小于旁轴镜头。同时由于单反相机尺寸更大,对焦机构的设计也多采用机械联动对焦,因此对于视频拍摄者来说,单反镜头有着超高性价比,以及还不错的调焦手感。此外,对于许多不包含光学防抖功能的大光圈定焦头,A7系列二代机身的五轴防抖系统也或多或少能够给予1~2挡快门速度的防抖功能。

6.3.2 转接单反镜头的劣势

单反镜头转接的最大问题,可能就是它的体积和重量。特别是当你使用大光圈变焦镜头时,"头重机轻"这种不协调的问题在所难免。更重的镜头也对转接环和机身强度有要求,特别是在使用大型的超长焦镜头和佳能的 EF 11-24mm F/4L USM 这类沉重的超广角镜头时,就很担心卡口处或者相机的前面板会损坏。

[下图:摄影:郑景顺,光圈 f/2.2,快门1/2000s,ISO200;机身:A7S,镜头:福伦达 50/1.8]

花絮：使用转接环时的注意事项

转接环品牌太多，产品良莠不齐。部分廉价低质的转接环容易出现接触不良、无法合焦、光圈调节异常等问题。如果遇到光圈没法调节的状况，必须马上关机把镜头从转接环上拆卸下来，重新安装之后再开机看是否恢复。针对单反镜头+微单"头重脚轻"的弊端，为了防止镜头脱落造成损坏，在使用时要注意用手托住镜头，而不是靠握住相机负重。最后需要注意的是，转接镜头多数都无法传输镜头数据或者曝光参数，因此在后期的时候没法直接使用镜头配置文件来校正畸变和暗角，需要手动加载配置文件。

6.3.3 转接佳能卡口镜头

与佳能卡口适配的电子转接环比较多，国产的有唯卓、咔莱等厂商，进口的则有 *Novoflex*、*Metabones* 等，大部分都支持自动调节光圈和自动对焦功能，转接佳能镜头的优势在于佳能本身的镜头群十分完善，覆盖了各种焦段。并且虽然总体上 *A7* 系列转接自动对焦速度不快，但 *A7RM2* 转接佳能镜头的兼容性比较不错，自动对焦速度比较接近原厂的机身，所以佳能镜头+索尼机身还是比较合适的。整体而言，佳能生产的第二代数码镜头，或者近几年推出的镜头几乎都能与转接环相适应，具体使用感觉也不错，功能也支持全面，推荐转接使用。但老镜头往往具有不少不兼容的地方，具体每个品牌的接环效果都有所不同，但 *Metabones* 应该是最靠谱的选择。

6.3.4 转接尼康卡口镜头

相对佳能镜头转接来说尼康就有点小麻烦，除了极少数转接环能够实现尼康的电子转接，目前只有咔莱生产的接环支持 *AF* 自动对焦、可调电子光圈、*VR* 防震等功能。其他的接环，无论品牌大小都只能通过机械联动装置控制光圈的大小，并且无法准确地判断光圈的实际大小，并不太好用。或许后续会有更多的厂商推出尼康的电子接环，在这之后尼康镜头的转接依然不太推荐。

咔莱自动转接环可以通过机身控制镜头，而此前使用尼康镜头只能手动调节转接环上的光圈调节旋钮

6.3.5 转接索尼A系列镜头

索尼转接索尼？听起来是不是有点奇怪？因为索尼有许多A卡口镜头是使用在单电相机上，而在E卡口相机上不兼容。因此索尼官方研发了LA-EA3和LAA-EA4转接环。

LA-EA3转接环使用特点及注意事项

这款转接环在A7RM2以及A7M2上使用较好，它的优势在于转接时对A卡口带有内置马达的镜头支持相位对焦和对比度对焦，同时这个转接环没有安装半透镜，不会对画质产生影响，算是索尼一款还不错的转接环。在使用它时不能在镜头与转接环之间再使用任何诸如增距镜之类的附件，并且转接有可能导致部分镜头的测距系统发生问题，实际距离会与镜头的距离标度有所不同。此外镜头的最小焦距也可能变大。还需要注意的是，A7M2在使用这个转接环时需要先将软件升级到Ver2.00才能正常使用。

LA-EA4转接环使用特点及注意事项

LA-EA4转接环能在一定程度上弥补A7系列早期的微单较差的对焦性能。它的优势在于内置了对焦模块和AF马达，不但支持自动对焦和自动调节光圈，而且支持视频拍摄时的自动曝光。特别是对焦模块可以帮助A7的转接镜头对焦速度更快，精度更高。但是这个转接环也有许多需要注意的问题，首先这个转接环由于内置了马达和对焦模块，会加大A7系列的耗电量。此外它上面带有一块半透镜，在转接时会影响镜头的成像质量。因此不是特别好用。此外它和LA-EA3一样没法兼容增距镜等附件，且对于索尼的STF散焦人像镜头的AF也无能为力。

[右页图：光圈 f/2.8，快门1/1250s，ISO100；机身：A7R，镜头：FE 35/2.8 ZA]

[后页图：摄影：郑景顺；光圈 f/4，快门1/1600s，ISO50；机身：A7S，镜头：福伦达 50/1.8]

采访：超长焦镜头并不适合转接使用

| 张千里 |

拍摄野生动物我还在用A77Ⅱ单反相机加上300mm F/2.8或者500mm F/4，A77Ⅱ的对焦非常快。当然A7RM2配合FE卡口镜头的对焦是很快，但我还没有尝试转接A卡口镜头拍野生动物，我不知道转接单反镜头之后它的对焦是否还是那么快。在使用LA-EA4转接环转接单反镜头时实际使用的是转接环的对焦系统，所以对焦速度不会很快，而且对焦点就在中间一小块区域。

花絮：赵嘉观点，灭门还是转接

常有人问我器材升级的事，到底要不要从单反系统换到无反相机。还有人问我，他是不是需要为了A7RM2的优点而"灭门"、从其他相机体系转过来。

我觉得A7RM2是目前对于绝大多数摄影师性价比最高的相机，只要你不需要拍摄高速运动的物体，比如野生动物或者体育题材。

但对于手里已经有很多镜头的摄影者来说，其实不需要付出把所有器材出掉换A7系统的代价。

如果你喜欢A7系统，但又不想一下换很多新镜头，其实A7系列可以通过转接环继续使用其他卡口的镜头。这样摄影师可以先从买一台A7RM2开始，通过转接环继续使用你原来的镜头是个可行的工作方式，很多镜头可以继续使用自动对焦功能。

对于索尼单反/单电相机的用户，索尼原厂有两个型号的转接环，不带半透反光镜的LA-EA3和带半透反光镜的LA-EA4，它们可以让A7系列机身使用原厂的A卡口（索尼单反和单电相机上使用的）镜头。理论上，使用LA-EA3得到的画质更好；但在拍运动主体时和暗光环境下，LA-使用EA4的自动对焦速度会更快些。我自己在为野生动物摄影训练营授课时会带着LA-EA4配合索尼A系列的索尼300mm F/2.8 G SSM Ⅱ和索尼500mm F/4 G SSM镜头使用。这是索尼还在产的仅有的两支大光圈长定焦镜头。

另外，我在拍摄视频的时候还使用LA-EA3和LA-EA4，主要是在需要大光圈的时候（特写和室内拍摄之类），索尼A卡口的蔡司Planar T* 85mm F/1.4 ZA背景虚化能力很强，而蔡司Sonnar T* 135mm F/1.8 ZA有着惊人的分辨率和色彩。

如果你现在是佳能全画幅相机的用户，有很多高质量的2代L系列EF镜头或者蔡司ZE系列镜头，对于6D或者5D Ⅲ的画质不是太满意，但是又犹豫于5Ds的高ISO画质问题，改用A7RM2机身加Metabones的4代转接环，继续使用你绝大多数2代L系列EF镜头，是个不错的选择。当然，ZE镜头还是只能手动对焦。

A7RM2加Metabones的4代转接环，自动对焦速度和5D Ⅲ的对焦速度大体相同，基本属于可用的范畴，而其他A7系列加Metabones的4代转接环的对焦速度则比较慢。

特别提示，A7RM2最好用Metabones的4代转接环，不要用更早的款式，而且要及时做转接环的固件升级。即便如此，使用A7系列转接环转接佳能镜头，偶尔还是会出现死机、快门按不下去之类的事情，原因和规律我们还没有找到，也欢迎有经验的读者通过我们的微博（爱摄影-星球漫游）或者微信公共号（爱摄影工社、星球漫游）跟我们联系。

现在市场上也出现了可以使用自动对焦功能的尼康卡口转接环。

不过，加了转接环和单反相机的镜头之后，整套器材体积骤然变大，失去了微单本身的优势。除非有特殊的需要，我们不经常这么用。

另外，有些摄影师也喜欢将高素质的康泰时G系列或者徕卡M系列镜头接在A7RM2上使用，这样的优点是整体的体积变化不大，拍摄乐趣比较多。

6.4 旁轴镜头转接

旁轴相机拥有大量的新老镜头群，其中有许多光学质量优异的镜头。过去要使用这些镜头，除了转接到APS-C画幅相机上，更多的还是用于拍摄胶片，总是限制多多。而现在A7RM2这类超高分辨率的相机，能够将其"复活"，物尽其用发挥能力，同时还得到额外的防抖功能。此外，旁轴镜头体积小巧便于携带，一支旁轴镜头加上一个微单机身的重量可能不会超过1kg，非常方便。

由于许多旁轴镜头的设计针对的是胶片时代的旁轴相机，因此时常在广角镜头上使用对称光学结构。这种光学结构的镜头在胶片上用质量很好，因为感光乳剂涂层上的微观感光颗粒对于大角度的入射光依然敏感，但数码相机的CMOS则难以接收到大角度的入射光。对称结构的后组镜片都离焦平面很近，会造成边缘画质严重劣化和红移现象，甚至是其他颜色的不均匀现象。这些问题在最新的A7RM2上有所改观，背照式CMOS功不可没，需要转接它是首选。如果你对于画质有很高的要求，最好使用近几年新推出的旁轴镜头，它们往往多采用反望远结构，且经过数字优化，从基础设计上就更适合于数码相机使用，转接当然也没问题。

花絮：老镜头的转接及存在的问题

由于A7系列的法兰焦距短，不少摄影师和摄影爱好者喜欢在它上面使用各种时代的老镜头，包括不少手动对焦的镜头。

A7系列在发布早期广角镜头选择比较少的时候，我也把康泰时G系列镜头和徕卡M系列镜头通过转接环用在A7RM2上。但这样做经常会面临广角镜头的红移问题，这也是转接镜头中常出现的。

色彩偏移主要其实还是和斜射影响有关，主要由镜头的光学设计决定，多发生在广角镜头上。当然，和色差、镜头材料、CMOS技术和软件都有关系。随着A7RM2背照CMOS提高了开口率，A7RM2转接其他厂家的广角镜头的红移问题也有不少缓解。

但对于不少其他厂家的广角镜头，照片的红移问题并不能完全解决。少量的红移可以在用软件冲图的时候通过加载镜头配置文件的方式来缓解。但严格地说，完全解决还是要靠更复杂的白板技术，具体步骤是这样的：

1.使用三脚架拍摄你要拍的照片（A照片）；
2.拍完后，立刻用一张半透明白板挡在镜头前，再拍一张（B照片）；
3.回家后把B照片转化成LCC文件加载到A照片上，就可以完全消除红移和暗角。

可以看出这个技术挺麻烦的，而且不太适合拍动态题材。

所以，总体来讲，我个人对于转接镜头的使用不是太热衷。当然，主要也是因为FE系列的镜头越来越完善，转接镜头只能慢慢作为补充而存在。

再多说一句，绝大多数胶片时代的老镜头，在超过2,000万像素的全画幅机身上画质问题很多，有不少"神话"根本就是二手器材厂商忽悠出来的。

随着蔡司的FE 16-35mm F/4、Batis 25 mm F/2、Loxia 21 mm F/2.8之类的优秀镜头上市（可以预期FE卡口的高质量镜头，包括索尼、蔡司Batis、Loxia系列未来还会发布新镜头），我还是觉得佳能AF的广角镜头好用得多，校正变形之类的也容易得多。

6.5 其他推荐镜头

微单相机对于镜头良好的兼容性和自身高超的画质，使得微单很适合搭配一些顶级镜头。其中最为适合转接的应该是蔡司Otus系列，以及徕卡M系列近期推出的经过数字优化的镜头。

蔡司Otus系列目前拥有三支大光圈定焦镜头，分别为Otus 28mm F/1.4、Otus 55mm F/1.4和Otus 85mm F/1.4，基本覆盖了三个较为常用的焦段。这三支为了高像素时代设计的镜头都使用了蔡司公司顶尖的结构设计，带来了优异的光学素质，能很好地搭配A7RM2这类高像素高画质的机身。

徕卡M系列ASPH镜头是徕卡针对自身的数码旁轴相机进行优化的一类镜头，它的特点是拥有高画质的同时兼具了轻巧的体积，和微单的体型以及画质都比较搭配。此外这些镜头的数量更多，覆盖焦段也比Otus系列更广，可以满足各类拍摄需要。

同样的35mm F/1.4镜头，转接徕卡镜头就非常小巧，而原厂镜头则会大不少。不过就画质、易用性、性价比来看原厂镜头当然还是更加出色一些，如何选择还是要根据实际的使用状况而定

花絮：黑科技旁轴镜头自动接环

此前，众多厂商都提供了足够精巧的转接环产品，而在2016年2月，国产品牌天工发布了一款能让M卡口手动镜头实现自动对焦的转接环Techart Pro。对于新玩意儿充满好奇的我们，也在其上市前拿到了工程样品，并搭配A7RM2做了常规测试。

它的原理是将镜组整体前后移动进行对焦，类似于技术相机伸缩皮腔。作为市场上首款能将手动镜头自动化的产品，它为许多不太习惯手动对焦的爱好者，提供了一种体验旁轴镜头的便利方式。此外它还有近摄功能，对于旁轴镜头也是一种扩展。

当然，作为第一代产品，Techart Pro在满足了基本对焦需求的基础上，确实还有一定的可提升空间。比如，对焦声音比较明显、功耗偏大等，由于我们使用的是工程样品，量产后期待有所优化。在试用了多支徕卡镜头后，我们推荐优先转接50mm镜头，这个焦段镜头无论中心或边缘都很容易完成合焦。对于21mm、28mm、35mm这类广角镜头则推荐使用中心位置对焦，基本上快速果断。而边缘位置则容易出现"拉风箱"的问题，不过这些问题随着后续的优化应该都能逐步解决。

总体而言，我们认为这款原创的科技附件很值得关注。

由于自动对焦接环下方有一个突出的部分放置电机，因此搭配一个手柄可以增加握持稳定性
右图中木制手柄来自于附件达人"风火球球"的原创作品，与这个接环搭配很协调

[后页图：光圈 f/8，快门25s，ISO200；机身：A7，镜头：EF 17-40/4]

器材推荐

蔡司Loxia系列镜头

从胶片的黄金时代穿越到如今的数码时代，蔡司发布了专门为索尼全画幅微单相机设计的Loxia系列镜头：Loxia 21mm F/2.8、Loxia 35mm F/2以及Loxia 50mm F/2。这个系列都是手动对焦镜头。Loxia系列主要是作为视频镜头存在的，除非在一些特殊的拍摄条件下——比如你打算带着登山手套和雪镜去8 000米级高峰拍4K视频——视频拍摄的主流都是手动跟焦点。

Loxia 35mm F/2　　　　　　　　　　　　Loxia 50mm F/2

Loxia 35mm F/2和Loxia 50mm F/2这两支镜头在技术规格上与ZM系列的传统旁轴镜头Biogon 35mm F/2与Planar 50mm F/2相互对应，焦距、最大光圈、镜组片数、光学结构以及特殊镜片的位置基本一致。

Loxia 50mm F/2的镜头结构是标准镜头最经典的Planar结构，4组6片。这支镜头具有非常好的中心锐度以及焦外成像，其抗眩光能力也相当不错。

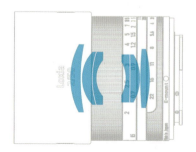 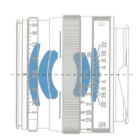

ZM Planar T* 50mm F/2与Loxia 50mm F/2的镜组对比

Loxia 35mm F/2采用了6组9片的Biogon结构，第一枚镜片使用了不规则部分色散的特殊光学玻璃。这支镜头逆光下抗眩光性能出众，细节层次非常丰富。

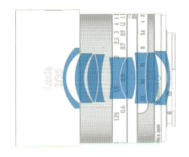 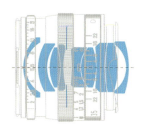

ZM Biogon T* 35mm F/2与Loxia 35mm F/2的镜组对比

Loxia 21mm F/2.8这支镜头并没有沿用ZM系列中的Biogon 21mm F/2.8的光学结构，而是改用全新设计的反望远结构。在9组11片的光学结构中，使用4片不规则部分色散的特殊光学玻璃来校正色差，1片非球面镜片来修正像差。Distagon的镜头个头通常都比较粗壮，而这支超广角镜头从外观看则相当紧凑，说明在使用光学材质上是下了本钱的。从最终的成像看，这支镜头具有惊人的MTF曲线（可能之前很少能看到MTF这么平坦的超广角吧？），而且在A7RM2上几乎没有红移的问题，可以说是索尼微单上原生卡口最好的超广角镜头。在索尼、蔡司原厂或者索尼生产的蔡司都没有更好的超广角出现之前，这支Loxia 21mm F/2.8绝对可以算A7系列中的顶级摄影镜头！

 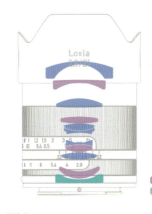

Loxia 21mm F/2.8

Loxia系列的镜头将色彩、反差、畸变、锐度、焦外成像等影响画面直接观感的因素处理得非常好，在拍摄时就能充分体现画面的质感，而不需要过多的后期调整，这多少沿袭了胶片时代的风格。

然而针对微单相机的特性，Loxia系列镜头进行了充满时代感的重新设计，这对最大化镜头的性能有着积极的意义。Loxia系列镜头在镜头内部的消光处理上做出了很大

[上图：摄影：吴穹；光圈 f/2，快门 1/3200s，ISO100；机身：A7M2，镜头：Loxia 50/2]

努力，所以即便是35mm、50mm这样光学结构和ZM系列相同的镜头，成像效果相比于ZM系列镜头也会略好。

  Loxia系列镜头的镜筒更加粗大，整个镜头与E卡口尺寸平齐。镜头的整体做工非常严谨，没有明显的接缝，并且与机身的连接也更好。卡口部分增加了防水滴胶圈，镜组的前后位移在镜筒内进行，如果搭配遮光罩使用，具有不错的防水滴特性，在户外环境下使用很有安全感。Loxia系列镜头的操作手感非常好，不再有部分ZM镜头调焦手感不均匀的问题。

  之前受徕卡相机联动测距对焦系统的影响，ZM卡口镜头最近对焦距离都只有0.7m，必须使用带近摄功能的转接环才能在A7系列微单相机上实现近距离拍摄。Loxia系列镜头对此进行了彻底的改进，Loxia 35mm F/2和Loxia 50mm F/2的最近对焦距离分别缩短至0.3m和0.45m。Loxia 21mm F/2.8的最近对焦距离是0.25m。

  尽管Loxia系列镜头是手动镜头，但是其使用了类似ZE.2的电子卡口触点。镜头和机身之间可以进行数据交换，因此机身可以更精准地加载补偿信息，并且能够达到接近原厂镜头的自动白平衡和曝光效果。更重要的是，当使用具备五轴防抖功能的机身时，Loxia系列镜头可以完全使用机身的五轴防抖功能，效果比转接会好不少，原厂镜头怎么用，它就可以怎么用。

对于拍摄动态影像，除了转接专业的电影镜头之外，Loxia系列镜头也是很好的选择。Loxia系列镜头的对焦行程较长、对焦操作柔顺平稳，并且景深刻度表清晰易看，这些特质适合在视频录制过程中进行调焦。针对视频拍摄的需求，Loxia系列镜头还在卡口位置设计了一个旋钮，镜头通过这个旋钮能够在逐级光圈与无级光圈之间进行切换。此外，由于Loxia系列镜头自身出众的光学素质，因此可以节省大量的后期调整工作量，只要控制好曝光，后期几个简单的调色步骤就可以呈现不错的视频影调。

旋转开口处的旋钮即可切换为无级光圈用于视频拍摄

需要指出的是，Loxia 35mm F/2和Loxia 50mm F/2这两支镜头的价格都略高于同规格的ZM镜头，但是差价并不多，大概与一个优质的转接环相当。就实用性而言，如果你并不需要兼顾徕卡机身，那么最好的选择就是Loxia系列镜头，而不是转接ZM系列镜头。Loxia系列镜头带来的附加价值远比差价多。

[下图：摄影：吴弯；光圈f/10，快门1/250s，ISO100；机身：A7M2，镜头：Loxia 35/2]

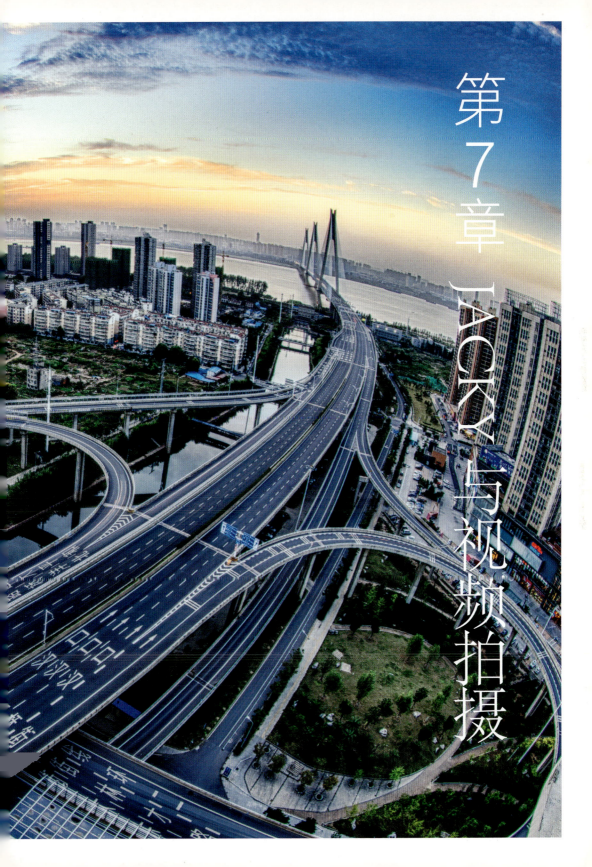

第 7 章 JACKY 与视频拍摄

引言

*Jacky Poon*是一位年轻有为的野生动物摄影师和纪录片摄影师,曾与*BBC*、美国《国家地理》、"野性中国"等机构合作拍摄生态纪录片。近几年来,他的兴趣从照片逐渐转向了视频,开始更加频繁的视频创作,他认为视频是今后生态摄影发展的必然方向。在视频制作中,*Jacky Poon*尝试了很多数字摄影机和镜头、前期技术和后期软件的配合,以及画面语言,他认为微单系统可以作为生态纪录片拍摄的重要器材,也能在延时摄影,以及狭窄环境等特定场合拍摄时作为主力设备使用。

采访:对话*Jacky Poon*

赵嘉:你是什么时候开始使用*A7*系列的?之前使用的机器是什么?

Jacky Poon:很早之前我用过*A7M2*,但觉得它的功能达不到我的要求。*2015*年年底,我买了第一台索尼*A7*系列的相机用于工作,之前使用的摄像机是索尼*FS7*和*FS700*,现在才开始比较多地使用索尼*A7*系列微单来拍摄视频。

在一年多之前,我一直使用尼康,大概使用了七八年。出掉尼康的器材换成佳能主要是由于摄像上对于镜头的需求。比如说佳能镜头的变焦环、对焦环的转动方向以及镜头的兼容度——现在几乎所有视频拍摄器材都可以使用佳能镜头。

在4个月之前,我又卖掉了大部分佳能器材。其实兼容性也是我后来选择*A7*系列的原因,搭配上较好的转接环就可以兼容*EF*卡口的佳能镜头。

我买的第一款索尼*A7*微单相机是*A7RM2*。同时我也用*A7S*,感觉与*A7RM2*完全不是一类的机器。

A7SM2和FE PZ 28-135mm F/4 G OSS几乎可以满足多数拍摄的需求

我现在会使用索尼A7RM2搭配索尼FE PZ 28-135mm F/4 G OSS镜头来应对日常拍摄。FE PZ 28-135mm F/4 G OSS对于摄像师来说是一个非常轻便而且设计合理的镜头，镜头本身就有许多按钮可以用来调节变焦、对焦模式及光圈。在拍摄一些小型纪录片和短片，比如拍摄一些人物，或者讲人与动物的关系时，A7RM2和FE PZ 28-135mm F/4 G OSS就能满足这一类的拍摄要求。

对于拍摄野生动物，在正常环境下，A7RM2还无法满足我的需要。因为我的大部分拍摄时间是在傍晚和清晨，光线都比较暗。其中过渡的15～20分钟是主要的拍摄时间，面对这种场景，高ISO或者超大光圈镜头就是最基本的要求。

电影镜头里有好几个大光圈变焦头：Super 35mm格式有常用的佳能CN-E 30-300mm T2.9-3.7 4K；2/3感应器适用的有Canon HJ18ex28B和HJ40×10B/HJ40×14B等。它们是野外拍摄的首选。

专业电影镜头

现在最新出的佳能50-1,000mm 4K镜头已经可以覆盖全画幅的感应器了，但是在传统的电影摄影镜头中没有任何镜头可以满足f/2.8的大光圈同时包含广角到长焦，这是最大的限制。

当然，拍摄野生动物纪录片时，我或者客户会选择租更专业的器材。索尼S-Log格式的色彩空间在原机身（指A7系列）上拍摄4K视频其实不是很好，因为它的YUV 4:2:0采样方式搭配H.264视频格式所采集的视频数据资料不够多，你将它的色彩和对比度大幅度压缩之后再提升基本上还原不了原本的画面。所以你需要加一些额外的色彩或者对比度，可能因此会有一些额外的色彩扭曲，但好处是，这台机器可以做到机内4K和后期调色，还不会占用很多硬盘空间，所以很适合一些网站或者公司APP上使用的视频。

之前我给美国《国家地理》拍摄就是使用A7S拍摄的1080P视频。在这方面来说A7S能发挥它最大的优势，因为A7S的CMOS采样是4K采样然后将视频压缩成2K格式，所以它的画质非常好。同时你可以使用到它很高的ISO。我使用A7S的大部分时间都是用来拍动物，它能在暗光环境下拍出没有噪点的画面，这是一件很难得的事情。

{第7章 JACKY与视频拍摄} 225

在许多类似拍摄情况下，会受限于你的机器不够好，好的画面也许根本拍不到，就算拍出来也不能用，而A7S就给了我许多拍摄的机会。

有一次我用A7S拍摄大特写——在一个笼子里面熊猫妈妈抱着熊猫仔，那个笼子顶上只有一盏荧光灯，我们就加了一个LED灯，但又不能直接对着熊猫打光，所以我们就往天花板打形成一个反射光，但是光线还是不行。但我拿着佳能新出的*EF 200-400mm F/4L IS USM EXTENDER 1.4X*加上转接环转接A7S，把镜头直接卡在笼子缝里，然后打开镜头防抖就拍。这是佳能最新的镜头之一，防抖性能也十分好，最后效果很稳。

当需要使用特殊专业镜头拍摄视频时，转接也是不错的选择，因为专业视频拍摄多是以手动对焦为主，可以不受转接给自动对焦带来的负面影响

赵嘉：防抖效果怎么样？

Jacky Poon：说起防抖，我发现一个问题，*FE PZ 28-135mm F/4 G OSS*那支镜头，它不能切换为机身上的五轴防抖，只能使用镜头防抖。但是镜头防抖主要是针对你的呼吸和手抖，运动着拍效果就不好了，在运动着拍摄时我要把防抖关了才比较自然。

赵嘉：你使用五轴防抖的话应该是两个防抖功能都打开啊。

Jacky Poon：不，它只开镜头的防抖，所以（在没有A7SM2之前）我现在的搭配就是A7S+*FE PZ 28-135mm F/4 G OSS*，A7RM2转接没有防抖功能的佳能镜头。虽然机内五轴防抖对于录像而言是很有用的，但是肯定没有针对摄像设计的A7S来得好。

我没有使用A7S拍摄照片，因为它的像素达不到我的要求，所以我基本都是用它来拍摄视频。虽然许多人都说摄像时S-Log起始的ISO 3,200实在太高，但是对于拍摄野生动物来说刚刚好。天特别亮的时候当然ISO 3,200是太高了，但那时候其实你不会去拍，因为动物不出来，而且画面的对比度太大、光线也不对。

我发现在合适的时间和光线下，使用A7S的ISO 12,800、ISO 16,000，甚至有的时候过曝一点使用ISO 20,000，最后调出来的感觉非常好，基本没什么噪点，大概相当于其他机器的ISO 1,600或者ISO 3,200下的噪点水平。

对于机内菜单和机身、按钮的设计，A7RM2远比一代的A7S好，一些对于摄像比较重要的按钮在A7S上无法设置，但是在A7RM2上可以调到另一个按钮上面。比如你可以把录像按钮调成C1、C2、C3、C4四个自定义按钮中的任意一个。这对我来说很方便，因为有时你按不到那个按钮上。还有A7RM2的取景器也很好。但是我觉得有一点不好，如果它可以在自定义菜单里面把一个按钮调成快速切换取景器和显示屏，那就很完美了。

赵嘉：（笑）其实可以，我给你演示一下。（自定义设置中的Finder/Monitor选择）其实索尼中的许多功能摄影师都不了解，因为它太复杂了。

取景器和机背液晶屏的设定

Jacky Poon：我前段时间去美国《国家地理》那儿拍摄的时候每天都在用这个机器，所以我基本上把大部分的按键都琢磨熟了，但是有一些也还是会忽略。因为A7系列的小机器里面蕴含的功能特别强大。我现在发现有几个优点和缺点是在使用中体验出来的，对我来说最好用的一点是1.5×的切变。

赵嘉：APS-C画幅吗？

Jacky Poon：对，因为有的时候对于长焦镜头，1.5×是一个很大的差别，我可以用它来拍摄另一个景别。但是它有好处和坏处，我发现在使用A7RM2全画幅格式的时候，我最高能接受的4K视频的ISO大概是3,200，再高的感光度，暗部噪点太大，中间部分也开始出现噪点。所以对我来说在使用全画幅时，我使用的最高感光度到ISO 3,200，好处是不会出现明显的果冻效应。但是在你使用APS-C画幅的时候，你的最高感光度反而大大提升，可以提升到ISO 12,800，画质还不错，但是这时候也有一个明显的缺点，会出现严重的果冻效应。这是我总结出来的一个很明显的差别。

所以，你在拍摄时要思考用哪个画幅更合适。如果一个动物在奔跑时，你将画面切成APS-C画幅，不但需要手动对焦、构图，还要处理各种果冻效应，这个太难了。但如果使用全画幅，可能ISO就不够高。这就是为什么我拍摄动物的时候还是用A7S。

赵嘉：A7S也可以选择APS-C画幅，但在拍摄4K视频的时候APS-C画幅的画质不如全画幅好。

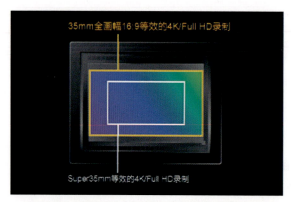

使用Super35mm拍摄视频可以使用超采样技术，提供画面的质量

Jacky Poon：对，我基本没怎么用它拍过4K。我现在有一个外接的阿童木记录仪（ATOMOS SHOGUN 4K），用A7S+外录的方式拍4K格式适合拍摄固定的画面，但是我从来不会拿着它去跟拍。跟拍还不如使用更好一点的机器。阿童木有一个很好的屏幕，对焦十分方便，说起对焦我觉得现在的取景器虽然开始进化得越来越好，但是峰值对焦还是不靠谱。

赵嘉：对，所有的峰值对焦都不靠谱。

Jacky Poon：没错，还有一个问题是如果你使用小光圈镜头，比如FE PZ 28-135mm F/4 G OSS，虽然这个镜头素质很牛、很锐，有景深的感觉，但是反倒是更难对上焦。所以我觉得这也是对焦上需要改进的一大问题。

赵嘉：其实主要原因还是因为分辨率高了，而且全画幅造成景深浅，所以显得对焦比较困难。你会拿A7系列当主力相机工作吗，它还有没有特别吸引你的地方？

Jacky Poon：如果是拍野生动物摄影题材的照片，我还是不会拿索尼A7系列作为主机，应该还是依赖佳能1DX、尼康D4S这种旗舰数码单反作为主机。索尼肯定是作为一个重要备机，因为有些狭窄的地方，需要一个更小巧和轻便的机身才能塞进去。

拍摄野生动物基本上像是在打仗,需要扛着机器到处跑、到处剐蹭。我那台 *A7RM2* 暂时还没有遇到问题,但是我不知道遇到问题时它能不能扛得住,我觉得最容易坏的可能是它的屏幕。

索尼还有一个很多人不知道的优势——就是它的延时摄影。我现在和客户报价时会收取三个费用:我、我的器材、航拍。我会告诉客户,索尼A7系列微单是一套很好的拍摄延时摄影的设备。

其中最主要的原因和微单相机的光圈设定方式有关,当你使用电子取景器的时候镜头光圈只是随着你的光圈设定而变动,但在连续拍摄期间不会再运动。而在尼康和佳能之类的单反相机上由于使用光学取景器,每次拍摄完,快门释放之后光圈会缩回去或者开到最大,等下次拍摄时再变到你设定的光圈值。比如尼康镜头就永远处在最大光圈,而佳能则是处在最小光圈,你按一下快门尼康镜头的光圈会缩小再打开,佳能机器则相反。

所以在你拍摄许多张延时照片,再将它们连起来做成视频之后会发现其中有些照片有轻微的闪烁。在索尼机身之前,唯一能避免这些闪烁的方法是佳能的机身转接尼康的镜头使用,而索尼的微单是没有这个问题的,它可以一直保持光圈大小不变。

[下图:光圈 f/13,快门 10s,ISO100;机身:A7R,镜头:EF 17/4]

赵嘉：是这样的，单反相机每次拍摄时光圈叶片的收缩位置实际上会造成细微的差别，所以每几帧就会跳一下。我在2008-2009年的时候很喜欢拍逐格（也就是延时拍摄），当时还是靠拍照片转逐格，那时候我把*RAW*格式照片批量转成*JPEG*文件，然后再转成视频文件，出现闪烁情况的时候就要把那个有问题的帧找出来，重新找到那个*RAW*文件在*Lightroom*中进行后期处理，跟前后两张照片一致后，再来替换这一帧。

Jacky Poon：其实*Lightroom*真的可以做很多东西。现在可以通过后期技术将完整的日出日落（延时视频）做出来。而在以前，是不可能完完整整拍出来的。原本你看见星星升起来只能拍星星，月亮升起来只能拍月亮。但是现在在你没看见太阳升起来的时候就可以开始曝光，因为有*RAW*格式，可以在后期处理时把最暗的一张照片暗部提亮，把最亮的一张照片亮部压暗再进行渐变的制作。但这个真的很考验后期的功夫。

赵嘉：这个拿自己机器自带的延时拍摄功能是做不到的。

Jacky Poon：我几乎从来不用机器自带的延时功能。

另外，我有两个原则：第一，一定要使用快门线，这样更靠谱。我曾经遇到过这类问题。有一次我在山上拍摄，遇到闪电导致所有器材突然断电，实际上应该是由于电磁场有些干扰。在场的一个摄影师的*D4S*直接出现写卡错误，把他吓死了，在他重新开机之后相机可以工作，只是机器停止拍摄，因为断电把机内延时设置清空了，要重新设置。而索尼的机器，不管你在拍摄延时之前怎么设置你的机器，在突然停电之后都会回到之前的设置。*D4S*和我用的*A7S*都断电重启，差别在于线控是单独运行计算触

拍摄延时素材最好选择可换线式的延时快门线，国内有很多类似的产品，质量不错，价格也便宜。而且由于可换线，因此也能与其他品牌相机共用

发快门的所以重启后仍然直接继续拍摄。第二，拍延时的时候一定用RAW格式，很多人觉得RAW文件太大而不用，那样还不如拿机器内置的功能去拍延时的录像。不过使用A7RM2的时候一张照片都要50MB，无损RAW格式要80MB，拍了不久卡就满了。

赵嘉：A7S曝光的评估和处理方便吗？

Jacky Poon：它有EVF电子取景器。在取景器里面就能看见直方图。但是我觉得它还可以改进一下，因为它的直方图中现在显示的只有0%到109%两条线，在直方图中超过了100%线，直方图并没有碰到边缘，但是斑马线已经开始出现了。如果再加入100%和10%的线就让大家干活更容易了。拍视频的时候你应该依赖这个直方图而不能依赖你的取景器，没有这个功能曝光都不可能准确。另一个办法是使用斑马线，先将斑马线调成显示100+，再一挡挡降到刚好没有斑马线就是正确曝光——这个方法叫ETTR（Expose To The Right），可以把暗部的噪点降至最低同时保留高光的细节。但是这样后期处理会很麻烦，因为前后正确曝光的中间值是不同的。所以我觉得索尼其实可以在他们的低端机器中加入一些小小的辅助功能，比如说波形图和矢量范围图。这对于许多摄像师是一个很大的帮助，越来越多的摄像师现在开始使用A7S了。

索尼相比尼康、佳能更轻便，而且设定速度很快，此外可以直接看见你需要拍的东西曝光是怎么样的。因为在你准备延时拍摄时，你需要对光线进行预估，你要直观地知道，如果一会儿光线减弱，你应该怎么调整，或者光线提升后会不会过曝之类的。而这时A7微单上的斑马线和实时直方图十分有用，虽然你现在可能只能看到它的轮廓，但是你可以完全预想到10分钟之后光线可能升高3～4挡后的样子。

微单的优势就在于它可以在显示屏上显示足够丰富有用的信息，包括曝光数据、直方图、斑马线、峰值显示、安全提示框等，能给摄影师丰富的参考信息

赵嘉：你现在拍照片还多吗？

Jacky Poon：我现在很少拍，基本上就是完全摄像了。

赵嘉：也就是说你作为一个野生动物摄影师，现在拍照片这种工作的机会越来越少，而掌握视频拍摄技术越来越重要了。

Jacky Poon：对，这是一种趋势。我现在百分之百肯定，这个年代世界上没有一个野生动物摄影师是靠卖照片而生存的。以前可能还有一些摄影师拍了照片后放到图片库，但现在已经没有了。所以现在职业野生动物摄影师要做 Workshop，要去带摄影爱好者旅行教他们拍照，这样才能生存下来，才够养家糊口。

我开始做摄像，也是因为认为摄像更有意义，因为你拍的东西更真实。实际上照片和视频这两个都很假，但摄像需要拼成一个完整的故事，而照片不需要。我觉得摄像的这种成就感，远比拍照片的成就感要高。

当然，你拍摄时要思考的东西也要比照片多许多。图片时代，有些摄影师喜欢使用自动曝光拍摄模式，对着好看的景物对好焦、按快门，就可以拍出正确曝光的照片。他会说，M挡当然好，但是M挡速度不够快啊。

而摄像是很多能力的集中整合，实际上依然是完全手动曝光及对焦等，只不过是由于摄像机的功能更先进、机身大按钮多，可操控性强了许多倍。你可以在一两秒钟之内把所有的东西都设定好，然后开机开拍。

当然你可以通过直方图调整画面的正确曝光，机身还会告诉你温度以免温度过高或者过低导致噪点过大之类的，但在拍视频的时候你要思考更多的东西，比如什么时候让动物进入你的画面，什么时候让那个动物再出画面。同时你还要想着后期如何剪切画面，在动物奔跑时如何跟上焦，什么时候让捕食者进入画面，跟拍一段再出画面……而且你还要想：这个过程还不能太长，后期剪辑时，也许十秒钟太长了，所以这段视频大概要在五秒钟。这时候，就要各分配两秒时间给捕食者和被捕食者……

还需要思考是不是要用升格、需要多久时间。这些在一开始拍的时候就要先想好。比如说我有时候喜欢用40帧/秒，因为这样许多动作会变慢，看起来比较好看，但是你看不出来它明显变慢了。面对一些速度较慢的动物，你要对它的速度做预判，按照经验选择使用60帧/秒、96帧/秒，或者是120帧/秒？面对高速运动的动物也许还要使用1,000帧/秒。

最理想的结果是，你把东西拍完了拿回去之后，后期、导演和制片人看着你的画面都觉得不用怎么剪辑，这才是最牛的摄影师。在拍摄的时候不能一直跟拍一个动物跟到它消失，那样后期剪辑都不知道怎么剪。

赵嘉：那你这个行业真上了岁数可怎么办？

Jacky Poon：我觉得还挺好的，绝大部分专业野生动物摄像师年纪都差不多在40～60岁之间，我应该是其中最年轻的一个了。比我年长而非常有成就的应该就是*Rolf Steinmann*了。

*Rolf Steinmann*大约33岁，德国人。我认识的他一直都只醉心于拍摄，没有家庭，不被平常人的责任所累，在他的生命中没有别的，就只有拍摄、拍摄、再拍摄。他的所有机器、镜头、脚架都是他自己的。这种人我远远比不上，我看过他的那些原素材，让我完全地心服口服。最近他又参与拍摄了*BBC*新的系列纪录片《*The Hunt*》。这个纪录片好到，你看到那些画面都目瞪口呆。当然它不仅仅是画面好，故事内容也很好，而且还拍摄到了一些从未被拍摄过的动物。

谈到这个纪录片，还有很多非常精彩的内容。有的画面非常棒，比如摄影师*Sophie*使用1,000帧/秒拍摄一只鹿，当鹿从画面这头跳到那头还没出画面时，你可以看见猎豹进入画面，而且对焦直接对在猎豹身上，之后是各种奔跑和慢动作。我看得很惭愧，遗憾拍不到这样的画面。

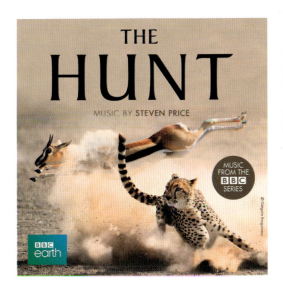 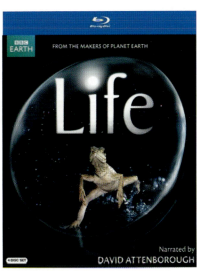

BBC纪录片《*The Hunt*》和《*Life*》

其实BBC非常喜欢使用新的拍摄科技。在大家还没怎么见过延时的时候，他们就在纪录片《*Life*》里面使用延时技术拍摄植物。在2008、2009年的《*Nature Great Event*》中使用超慢动作，飞鱼在空中飞的精彩画面非常震撼。

国外拍摄野生动物纪录片常用一个叫*Cineflex*的稳定器，你看《冰冻星球》里，有些鲸的画面，显得摄影师靠得非常近，而鲸也不害怕。其实这是直升机在远处低飞时，摄像师使用*Cineflex*内装有长焦镜头的摄像机进行远距离拍摄的。

而现在他们把*Cineflex*挪到了其他装置上，比如挪到车上去追拍猎狗捕猎，车都颠簸得不行，而因为使用陀螺仪，摄像机就能从猎狗身边稳稳地飘着过去；装在船上拍

挂载在直升机下的*Cineflex*摄像机

摄北极熊捕猎，那种立体感和光线之前从来没有人拍过；后来还被装在大象身上拍摄老虎捕猎，从来没有人拍摄过这些画面。但是那个仪器的缺点一个是慢，而且对搭载平台也有要求。另外，它的价格要100多万英镑，一天的租金就要好几千美元。

要比器材，你和*BBC*这样的机构根本比不了，甚至没有机会用这些器材。现在中国能给我们的就是好的故事内容，因为中国的许多地方以及物种根本没有被拍过。

我们登山拍摄时更需要一个轻便的大光圈镜头。

刚刚说了，为了避免画面闪烁的问题，以前拍摄延时需要用佳能机身配尼康镜头。而现在拍延时我只要带三支镜头：索尼*Vario-Tessar T* FE 16-35mm F/4 ZA OSS*、*FE PZ 28-135mm F/4 G OSS*，还有适马的*24-35mm F/2 DG HSM Art*。适马的*24-35mm F/2 DG HSM Art*各个焦段的锐度差别并不大，但是当你拍摄人物的时候，*24mm*、*28mm*、*35mm*的景别差距还是很大的。而且用*f/2*的大光圈拍摄人物虚化效果很明显，还可以用来拍摄星空而不需要很高的*ISO*。对于延时、星空、暗光摄影这是最好的一支镜头了。

［右页图］：摄影：李彦昭 光圈 f/1.4，快门15s，ISO2500；机身：A7RM2，镜头：适马 24/1.4）

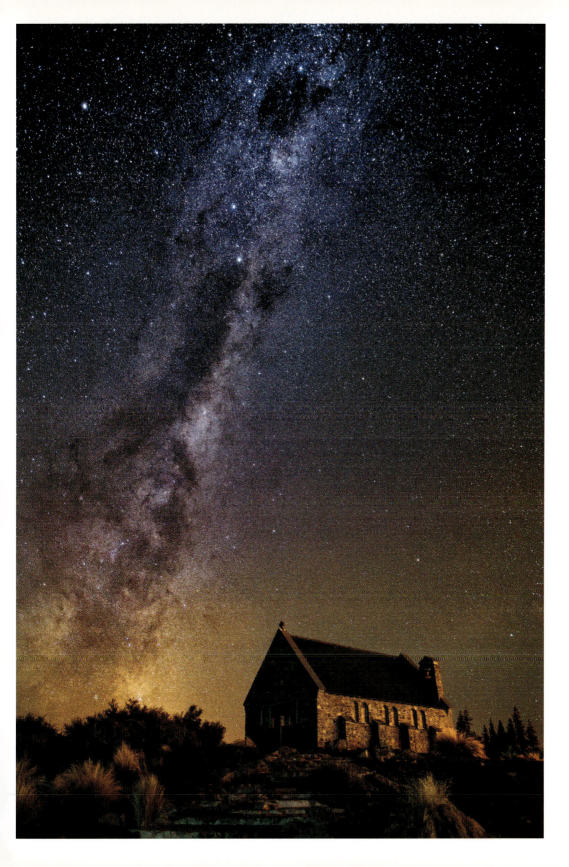

微单的视频拍摄

导语：打开多媒体世界

静态影像作为19至20世纪影响深远的传播工具，对于社会发展的记录、传播、推动作用是不可撼动的。1855年世界上第一张拍摄于克里米亚的战地照片、20世纪初由路易斯·海因等人拍摄的关于童工的照片、20世纪中叶由罗伯特·卡帕拍摄的第二次世界大战照片，以及之后越来越多的摄影师使用图片报道的方式为全世界留下了许多关键事件的影像。摄影的魅力和价值在历史的演进中得到了社会充分的认可。自从电视新闻出现，图片报道和新闻电影一样，不可避免地被边缘化，因为新闻事件对于大众传播的价值是"新近发生"和"现场画面"，而活动画面相对于静态图片对大众的吸引力是不言而喻的。

作为一个摄影师，其实我们很希望相机的功能是简洁、明确、"小而美"的，可以将照片拍摄这件事发挥到极致，一切的设计都围绕着怎样用它更好地拍摄出优秀的影像。当然这也只是一厢情愿啦，对于多数热爱影像本身的人而言，我们更多的是去关注自己如何表达。

表达什么？当然是你自己的想法。

通过什么表达？静态影像，或许是一个决定性的瞬间，或许是精心挑选的场景在时间中的一帧。

那可以是动态的吗？其实也是一种尝试吧！

其实有不少的摄影师前些年就已经开始尝试，使用动态影像的方式来拓展对于自己想法的表达。马格南摄影师经常会将自己的单帧照片以动态幻灯片播放，搭配口述独白并结合环境音的方式来增加照片的连贯性，这类方式算是最早使用多媒体方法展示照片的尝试。而这一两年，也有越来越多的媒体要求摄影师拍摄照片的同时，也能够提供一些视频的采访内容。特别是网络新闻媒体，由于网络速度的提高，视频越来越成为重要的传播手段。

在这样的需求上，使用相机拍摄视频确实是正确的发展方向。过去在拍摄照片的基础上你可能需要单独携带一个DV，现在其实一台相机就能搞定。而且像索尼A7S这样的相机甚至就是为视频拍摄而设计的，具备极好的画质表现和适配性，使用它拍摄一些简单的纪录片也完全没有问题。

7.1 微单小成本视频拍摄的优势

说到小成本的视频制作,我们现在的第一反应通常都是使用单反相机,特别是佳能 *EOS 5D Mark III* 这样的机型来进行拍摄。短短的几年时间,单反相机几乎占据了低成本视频制作设备的半壁江山。其原因主要在于:单反视频系统比专业的数字电影摄影机便宜太多了。对于对画质要求并不是特别苛刻的题材,包括新闻采访、网络节目、小成本纪录片等,都是极好的选择。但综合而言,单反相机的视频性能和延展性还有所局限。

在画质方面,单反相机普遍的视频码流最高只能达到 *90Mbps*,由于采用动态压缩编码,因此单反相机录制的视频平均码流在 *50Mbps* 左右。而专业的数字电影摄影机,例如索尼 *FS7* 则能够达到 *600Mbps*,几乎是单反相机 *10* 倍的数据量,而码流恰巧是衡量动态影像画质的关键因素。

花絮:码流与视频画质

我们都知道视频其实是由一帧一帧静态画面串联而成的,所有视频格式都是一个"箱子",里面打包了这段视频内容的所有帧。多数我们拍摄的视频,例如,*MP4*、*MOV* 等格式都是经过编码的视频压缩文件,每一帧都经过了压缩。那么衡量压缩程度最直接的值就是码流。码流越大,压缩越小,视频的锐度、清晰度、层次都会更好。

左图为A7RM2内录4K 300%放大截图,右图为ATOMOS SHOGUN高码流4K录制 300%放大截图
高码流素材的色彩深度更好,而内录素材的颜色比较"浮干表面"

对于微单系统来说,虽然其本身的视频内录性能比较有限,视频码流的提升空间并不大。但由于微单相机小巧且结构简单,反而很适合搭配各种摄像套件,通过模块化来延展性能。

如果你希望使用微单拍摄高码流且超高清晰度的视频,那么完全可以外接一个类似 *ATOMS SHOGUN* 的视频记录仪来录制 *ProRes422* 编码的高品质视频,其码流可以达到 *880Mbps*。

微单机身还能转接视频拍摄中最常用的PL卡口电影镜头。无论是高端的蔡司MP系列、柯克5i系列，还是相对平价的蔡司CP系列、施耐德Xenon系列，它都能使用。

不同码流画质的对比图

7.2 索尼视频技术的延伸

在视频技术方面，索尼有着相当强的技术积累，从家用DV到广播级摄像机，再到专业的数字电影摄影机，它都有雄厚的实力。以主打视频、超高感光度的索尼A7SM2为例，它就采用了部分由数字电影摄影机下放的技术。

7.2.1 视频宽容度

数码相机的主要任务依然是拍照片，除了可以存储RAW格式之外，它们往往也需要相机具备较好的JPG照片直出画质。如果对于人眼的视觉习惯有所了解，你会发现其实我们对于高反差、高饱和度的影像的画面，具有不可抑制的偏好，而且它们往往更易抓住眼球。因此对于相机的画面优化一定偏向于这类影像风格，但这也意味着视频将只有很小的后期空间。RAW格式的视频很好，但现在它并非为多数人所能够驾驭。

如何既保证良好的拍摄性能，又可以解决相机视频的宽容度问题？现在最普遍的解决方案就是采用Log图片配置文件来解决，索尼的算法叫作S-Log，并根据不同的计算方式加上版本后缀，A7SM2上就采用了专业的S-Log3图片配置文件，这也是索尼在除专业数字电影摄影机之外，第一次采用该规格的配置文件的产品。

从原理上来说，S-Log图片配置文件其实是在输出画面的时候将暗部提升、亮部压暗，以降低画面的反差、提升整体的宽容度。根据一些视频摄影师的测试，A7S使用

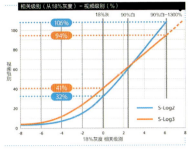

S-Log2与S-Log3在影调上的对比

S-Log2之后可以达到14挡的宽容度，A7SM2使用最新的S-Log3应该也能达到该水准，同时也具备更好的画面细节效果。

这个宽容度与A7S原本的RAW格式文件宽容度是高度一致的，所以我们也能将其理解为：在拍摄中将相机能够记录的细节和层次都完全表现出来，画面就会"很灰"，反差很低，需要在后期调色的步骤中来进行调整。常用的方式就是加载不同的LUT文件，类似于Lightroom中的色彩预设，可以将Log对数空间转换为人眼喜欢看的效果。许多第三方的软件工作室都会专门出售不同风格基调的LUT，比如不同机型模拟胶片的色彩和质感的产品，现在被广泛地运用在视频工作室的制作流程当中。

加载LUT文件的前后对比

7.2.2 果冻效应的抑制

对于中低端的数码相机和数字摄影机来说，视频的果冻效应基本都是必须面对的问题，它的根源在于CMOS感光元件和影像处理器结合采用什么样的电子快门设计。假如使用35mm电影胶片拍摄，就是拍摄完一格画面接着拍下一格画面。电影摄影机是通过一种旋转的特殊快门结构"叶子板"来实现高速曝光的，其曝光的单位时间与叶子板的开合角度有关。

而中低端的数字电影摄影机通常采用电子快门的方式来捕捉每一帧，高端的数字电影摄影机依然会采用机械式旋转快门，比如索尼的F65RS。在采用电子快门、相对便宜的产品中，主要又分为全域电子快门和卷帘电子快门两种类别。前者相当先进，可以得到接近于机械旋转快门的品质，比如，索尼的专业数字电影摄影机F55。而更便宜的型号就多采用电子卷帘快门，也算是"果冻效应"的"元凶"。

"果冻效应"使得镜头摇动的过程中，竖直的直线变成斜线

电子卷帘快门的基本的原理就是，在拍摄过程中逐行扫描采集每一行的数据，扫描完一帧后进入下一帧。也就是这从上到下的扫描过程中，存在一个极小的时间差。如果画面中出现高速运动或相对位移很大的主体，这个极小的时间差也会存在比较大的位移，最终直线变成曲线，原有的形状被斜向拉伸。这些问题在全域快门上就不会出现，而在数码相机上则普遍存在，差异只在于严重与否。

A7系列相机其实也有可见的"果冻效应"，但不同的机型严重程度会有所不同。总体而言，索尼A7SM2的效果依然是A7系列当中最适合用于视频拍摄的机型，无论是硬件还是软件的优化上都是如此。总体来说，在采用全画幅采样拍摄视频时，A7SM2的"果冻效应"控制得相当不错，配合五轴防抖系统能够手持拍摄出效果不错的视频画面。

虽然A7SM2并没有在本质上解决"果冻效应"的问题，只是少许优化。但值得庆幸的是，早在2014年索尼就已经公布了，一块支持电子全域快门的1,200万像素全画幅感光元件。这应该是对于下一代产品的良好预期。

7.2.3 4K拍摄性能

作为第一个能够机内录制4K分辨率视频的全画幅相机系列，A7RM2和A7SM2都是2015年最值得称道的提升。但为什么我们将它放到了"宽容度"和"果冻效应"内容的后面？其实是希望请阅读本书的你能更多地理解、正视视频画面质量与分辨率之间的关系。

精细的视频画面使用4K分辨率录制一定会更清晰，但并不意味着4K分辨率录制的画面就一定精细。这一点与同样是2,400万像素的相机，1英寸的CMOS的相机与全画幅相机哪个画质更好是类似的。4K只是代表更多的像素点，而每一个像素的质量到底怎么样，这才是画面好坏的核心。

花絮：4K是什么？

我们现在所说的4K是"超高清"（Ultra High Definition，UHD）的概念，它泛指视频素材分辨率长边可以达到4,000点左右的水准。其中，电影工业使用的DCI 4K（Digital Cinema Initiative，数字电影推进联盟）标准分辨率为4,096×2,160，而由国际电信联盟制定的UHDTV（Ultra High Definition Television）标准分辨率则是3,840×2,160。根据具体使用范畴的区别，专业数字电影摄影机都采用4,096×2,160的4K分辨率。而民用器材则是3,840×2,160，比如4K电视、4K显示器、可录制视频的各种相机皆是如此，这也是我们主要运用的范畴。

不过，就如1080P高清格式开始普及的时候一样，4K概念的出现其实也只是推动相关行业的技术升级的一台"发动机"。而未来会有6K，甚至8K普及的一天，相关机构也推测2020年8K技术也将正式商用。当然4K也算是影像行业的又一个里程碑，此前则是DVD。DVD是模拟影像时代到数字影像时代的一个分水岭，而4K则与手机使用"视网膜"显示屏的意义类似，它们都让显示设备在适合的观看距离上达到多数人肉眼的视觉极限（不会再有明显的颗粒感），这一点意义重大。

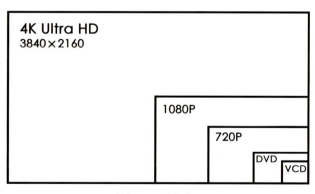

视频画面尺寸的对比

对于4K内录我们保持比较中立的态度，它并非是一个革命性的提升，却是一个相当有用的功能。对于需要使用4K来拍摄视频素材的摄影师而言，A7SM2或A7RM2可以称得上是一个完美的备机。一方面可以使用专业4K摄影机拍摄，另一方面可以使用微单拍摄照片，非常需要双机位的时候也可以充当副机位。这是许多独立的纪录片摄影师所期望的，要知道外出拍摄带上一个助理是相当奢侈的事情。

总的来说，索尼的视频技术积累的确为微单在视频上的运用铺平了道路。相对于照片，视频需要解决的问题还是太多了，以至于像尼康这样的摄影器材大厂，在遇到视频时也显得那么无力。特别是在视频拍摄发热问题的解决上，索尼A7系列的确是非常领先的，而且在不停的固件升级过程中，许多小的问题还在被逐一解决。

7.3 视频拍摄选择A7RM2还是A7SM2？

首先，我们需要先确定对于视频质量的主要影响因素。总结下来大致可以归类为：高感性能、画面锐度、帧率、果冻效应这四个指标。其次，视频只是这两台相机的一项功能，对于它们的选择建议还应该集合自己的照片拍摄需求来考虑。

性能属性	A7RM2	A7SM2
高感性能	高感性能上A7RM2还有一定的局限，感光度为ISO 3,200时会有出现比较明显的高感噪点。如果使用S-Log2（ISO 800起步）这个问题会更加严重一些，通过后期视频调色，劣化的问题会加重，且画面整体锐度降低。不过在SUPER 35的默认拍摄模式下，A7RM2的高感视频画质会优于全画幅拍摄。	A7SM2的高感性能非常好，感光度为ISO 12,800时也没有明显的视频噪点，使用S-Log2（ISO 1,600起步）在感光度为ISO 6,400时也具有相当纯净的画面质感，后期调色也能得到不错的画质表现。使用它拍摄视频，对于光线几乎可以不怎么挑剔。
画面锐度	A7RM2默认是需要开启SUPER 35幅面模式，此时相机可以通过全像素读取的方式超采样约1.8倍于4K分辨率像素，因此具备相当不错的锐度，如果感光度不高，A7RM2的锐度和细节都可以媲美A7SM2。在光线充足时拍摄其锐度甚至超过A7SM2，高像素的优势体现得更充分。但高感光度下则随着噪点的增多而锐度降低。此外，由于A7RM2不支持全画幅幅面的超采样，因此这个拍摄幅面下整体的画质会有一定的劣化，但不是很明显。	得益于优异的高感光性能，以及对于整块1,220万像素全画幅CMOS的全像素读取的采样、拍摄方式（SUPER 35幅面同样支持超采样），因此A7SM2无论是全画幅模式还是SUPER 35幅面模式在多种光线环境下都有不错的锐度表现。

帧率	A7RM2在4K分辨率下支持25P帧率的拍摄，最高码流为100Mbps。而在1080P下则最高可以拍摄50P、50Mbps的素材。	A7SM2在4K分辨率下支持最高30P的拍摄，最高码流为100Mbps。而在1080P下则最高可以120P帧率拍摄，码流也可以达到100Mbps，能够做升格拍摄。
果冻效应	A7RM2的整体果冻效应比A7SM2更加明显，而SUPER 35幅面拍摄模式反而更差，全画幅模式下会好不少，接近于A7SM2的水准。	A7SM2的果冻效应相对来说比较弱一些，但依然可以察觉到。使用时避免快速的摇移，总体来说是能够接受的。

索尼A7SM2具有相当不错的视频性能，这其实没有什么可过多怀疑的。但是A7RM2其实也相当不错，而如果考虑到拍摄照片的需求，那么多数人也会偏向于选择A7RM2。

选择A7RM2

如果你通常的视频拍摄场景都是相对明亮，或者总是会有布光，对于高ISO的使用有限，并且不需要快速地摇、移镜头，那么使用A7RM2来拍摄视频完全没有问题。

选择A7SM2

A7SM2当然是很好用的一个选择，它非常适合于视频的拍摄。但是如果你主要是放在三脚架上拍摄，从来不需要手持，而且自己也已经购买了记录仪和A7S，那么暂且不用升级，它们的核心性能是差不多的。

FE PZ 28-135mm F/4 G OSS与A7搭配即便不使用摄影套件也依然协调

7.4 高品质视频工作流程

高质量的视频拍摄不仅需要比较好的硬件设备，还需要对于整个视频拍摄流程有所了解，这一点与照片的拍摄也有共通之处。照片中我们主要涉及的是 *RAW* 格式文件的处理流程，而视频中我们则主要是针对不同编码视频文件的剪辑、调色处理流程。前者相对灵活，操作的难度也会小很多，而后者则有诸多的限制，一段清晰、自然、流畅的视频片段，其基础操作难度就更高一些。因此我们还是有必要简单地介绍一下关于视频的一些基础的技术内容，以便你可以更好地学习，并且举一反三。

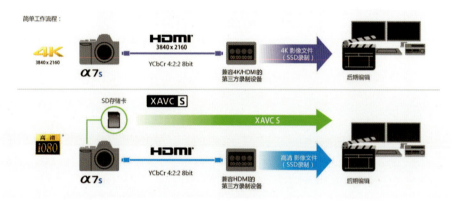

A7S的工作流程图解

7.5 视频拍摄的核心元素

7.5.1 编码格式

我们所使用的民用设备在硬件设计上主要是针对照片拍摄，因此在进行视频拍摄时，往往会出现数据吞吐量滞后、功耗控制、散热不够好、数据传输带宽有限等一系列棘手的问题，当然这是很多数字摄影机会遇到的问题。所以绝大多数的视频拍摄设备都会对视频素材进行编码处理，它就像相机输出 *JPG* 格式照片一样，对画面进行适当的压缩以缩小文件尺寸，常用编码标准有 *H.264* 和 *ProRes* 两种。

两种最主流的视频编码方式

H.264 是几乎所有民用设备都采用的一种编码格式，它的特点在于压缩率大，同时对于画质的影响不太明显，适合于视频直接输出使用的设备，比如说手机、数码相

机、运动相机等。H.264编码视频的尺寸相对比较小，支持多数常规存储卡，比如SD卡、CF卡、TF卡的数据存储，其写入速度也在可以接受的范围内。当然，这种编码的压缩率比较大，即便使用S-Log2增加宽容度，其后期的调整空间依然是有限的。

而ProRes则是更多准专业和专业设备使用得更多，它的压缩率小很多，因此画质也更好。与非线性剪辑软件搭配更方便渲染，同时几乎所有的视频剪辑软件都支持，没有转码的问题。而且你可以根据自己的工作需要，选择多种不同的采样模式。以下6种采样模式是现有的ProRes编码格式，从左到右性能依次提升，文件大小也不断增加。我们平时使用最多的主要是ProRes 422和ProRes 422HQ这两种编码，并且在记录时主要采用SSD存储。

| ProRes Proxy | ProRes 422 LT | ProRes 422 | ProRes 422 HQ | ProRes 4444 | ProRes4444 XQ |

ProRes拥有多种格式选择

7.5.2 采样模式

编码标准解决的是画质压缩的问题，而采样模式则解决压缩过程中色彩阶调保留多少的问题。视频中的色彩是通过YCbCr（亮度、蓝色偏移量、红色偏移量）来记录的，如果要完全记录整个色彩空间，那么它们的比例是4:4:4。比如说，采用ProRes 4444的编码方式，其码流在1080P分辨率下大概就可以达到320Mbps，这几乎是老一代SSD的极限写入速度，数据的写入量也是相当吓人的，每分钟接近20GB的数据量真不是开玩笑的。

为了弥补硬件和软件在处理性能上的欠缺，我们常见的民用产品几乎都是4:2:0（下文或简称为420）的采样比例，专业产品则支持4:2:2（下文或简称为422）采样比例。因此常规民用设备拍摄的视频色彩无论怎样去后期处理，采用各种色彩模式，它的实际视频效果并不太理想，细节不丰富，色彩也不扎实，最终还是采用422采用的专业设备看起来自然。对于索尼A7RM2和A7SM2来说，视频的内录是420的编码方式，虽然画质还不错，但要达到比较好的整体水准，搭配视频外录仪（采用422编码方式）才是最终的升级方案。

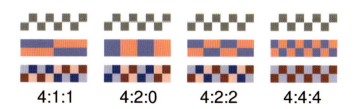

采样模式图解

7.6 视频工业流程

对于常规图片的拍摄，它的流程其实是非常简单的。核心要素无非就是 RAW 格式、数据的存储备份、一定的后期处理基础。前文中我们也反复阐述了视频所涉及的多种因素，分辨率、编码、色彩模式、剪辑、调色、不同工作者之间的协作等。

简单来说，如果你只是希望有一个还不错的简单视频，那么机内直出然后使用 $IMOVIE$ 简单剪辑即可。

但如果希望色彩统一、画质更上一层楼，则需要花上好几倍的时间和精力来学习、控制。视频拍摄的质量是没有中间值的，如果选用专业的格式和拍摄流程，但不会控制，那么它们的画质反而不及最简单的直出效果。这一点和图片处理流程也有点像。

极简拍摄流程

● 使用光圈优先模式、自动 ISO、自动白平衡设置。选择你所需要的分辨率，尽量采用 $50P$ 的帧率拍摄，并选择一个你觉得还不错的色彩模式；

● 拍摄过程中，如果需要一些焦点的变化或完全静止的主题，那么我们建议使用手动对焦的方式调整焦点，防止出现"拉风箱"情况干扰画面。如果拍摄动态的主体，那采用全域对焦或者中心对焦点对焦，并设定为 $AF\text{-}C$ 模式，会有比较好的自动对焦性能。如果需要手持拍摄，那么建议使用具备五轴防抖的第二代 $A7$ 系列相机；

● 拍摄完成之后，尽快将视频备份到你的硬盘当中，并给素材文件更改名称，方便管理；

● 将素材导入 $iMovie$ 或者是 $Final\ Cut\ Pro$ 这类比较方便易用的剪辑软件，你甚至可以很方便地在 $iPhone$ 或者 $iPad$ 上来剪辑它们；

● 这类易用的剪辑软件通常都可以帮助你直接转码并上传至视频网站，假如你希望导出分享给朋友，那么可以选择 $H.264$ 编码，并输出为 $MP4$ 格式的视频。

专业小制作拍摄流程

● 拍摄时使用手动曝光、手动设定感光度，开启直方图显示，将相机的曝光调整至直方图略微向右偏移。将相机的图片配置文件设定为 $PP7$（$S\text{-}Log2$），如果你使用 $A7SM2$ 也可以考虑使用 $S\text{-}Log3$；

● 使用高码流的格式拍摄，比如，$XAVC\ S\ 4K\ 25P\ 100M$。当然，如果你拥有外部记录仪，拍 $4K$ 分辨率的 $ProRes\ 422$ 视频素材也是更好的选择；

● 设定好所有数据之后，有条件的话最好能够使用相机的自定义白平衡功能，配合标准柯达灰板校准机内的白平衡设置。同时确认时间码和相机的时间设定无误，并同步好每一个机位的相机；

● 拍摄时注意不要大幅度的晃动，尽量避免"果冻效应"的出现，手动改变焦点时也需要尽量保持平稳和顺畅；

● 拍摄完成之后，每一张卡都要进行双备份，并且将每一个机位的素材单独建立文件夹存储；

● 将其中一份素材放到你的高速存储设备当中，用作剪辑时的数据缓存盘。使用Final Cut Pro、DaVinci Resolve 12或者Premiere CC来剪辑；

● 之后统一使用DaVinci Resolve 12这类调色软件来加载LUT进行色域转换，以及进一步调色；

最终将成品进行输出。

以上我们所列举的拍摄流程其实都是入门级的，电影工业中还有更多、更复杂的一些工作流程来应对复杂特效、高画质素材的处理。这整个过程其实还挺有趣味的，多加钻研你会学到很多。

[下图：光圈 f/8，快门0.6s，ISO100，机身：A7R，镜头：17/4 G]

7.7 视频制作中重要的附件

7.7.1 话筒

视频的最终拍摄效果，其中60%可能在于画面质量，而另外40%的在于整体的音效。对于多数没有专业录音需求的视频拍摄工作来说，劣质的音效一定会毁了整个素材，或者只能借用音轨来弥补。机内的效果其实还不错，但是它们往往指向性不太好，环境音会占据很大的比例。当你需要听清主体的声音时，或许你要离得更近，或许环境本身要足够安静，且回音控制得当。而且机身上的话筒往往会受到按键、小震动的干扰，就连转动拨盘的声音和对焦马达的声音也往往被收纳其中。作为可能是最重要的视频附件，话筒首先应该升级。

平价推荐：RODE VideoMic

专业推荐：索尼XLR-K2M适配器套装

7.7.2 云台

如果你需要拍摄摇动、俯仰的镜头画面，那么最好的方式依然是使用三脚架来拍摄，以获得稳定的画面。当然，使用拍摄照片的三脚架系统并不适合，无论是球形云台、三维云台，它们都是为锁定某个拍摄角度而生的。视频拍摄中，你需要的是一个液压或油压云台。

平价推荐：曼富图 MVH500AH

专业推荐：Cartoni focus HD

7.7.3 三脚架

视频专用三脚架与摄影用三脚架不同，它们常常采用多管式的设计，无论是承重能力、最大高度、稳定性、操控性都更好一些；而碳纤维材质又优于金属材质。当然，如果你经常外出，在条件相对恶劣的户外环境中拍摄，那么粗管径的单管技术三脚架也是非常好的选择——它们通常可以将云台底座更换为球碗，因此可以使用专业的半球视频云台。

平价推荐：曼富图546GB-1　　　　　　　专业推荐：捷信GT3542LS

7.7.4 其他摄像套件

当你需要使用一些专业的电影镜头，希望体验更好的对焦顺滑程度时，就可以单独为微单系统搭配一款摄像套件。摄像套件并没有特别的定型，但总体而言它们主要是解决相机或者摄影机接口少，对于附件支持不足的问题。

其最核心的组件是兔笼，它就像是一个相机的高级金属框，在这个框上我们可以增加例如提手、飞行手柄、录制按键、附件支持接口等多种多样的设计。并且通过导轨组件，它也可以将追焦器、变焦器、专业话筒、幻想电源、外置电源、遮光斗等一系列的视频附属配件整合起来。在拍摄的过程中它们都能起到很好的辅助作用，一些环境下没有这些附件，拍摄流程也会受到影响。

摄像套件的种类多种多样，但核心性能主要依仗套件的金属材质强度，以及设计的合理性。我们推荐 *TILTA*（铁头）和 *Movcam*（莫孚康）这两个品牌的产品，总体来说性能优良。当然其他更便宜的产品也可以选择，但最好实际试用一下，看有没有不可接受的设计问题。

A7系列专用摄影套件

[上图：光圈 f/11，快门15s，ISO100；机身：A7R，镜头：FE 24-70/4 ZA】【R】

器材推荐

机身推荐

索尼A7SM2

A7SM2具备非常鲜明的特点。它搭载了有效像素约1,220万的全画幅CMOS影像传感器，相对较低的像素密度有助于其超强的高感性能。A7SM2的感光度范围为ISO 100～102,400，并且可以扩展到ISO 50～409,600。高感低噪的成像表现拓展了A7SM2在各种微弱光照条件下的拍摄范围，于是微光世界可以清晰地展现在我们眼前。A7SM2采用了169个高速高精度自动对焦点的快速智能对焦系统，在拍摄静态影像和动态视频时均可实现低光照下的快速对焦。A7SM2另一大特点是它具备A7系列最专业的视频录制功能。它支持以全像素读取的方式录制高比特率4K高清视频，并且可以加载S-Log3伽马曲线以得到从暗部到中间色调（18%灰）的更好的色彩还原。另外，五轴防抖技术可以使A7SM2在拍摄静态和动态影像时减少抖动的影响，实现以灵活的拍摄方式得到完美的影像。

A7SM2主要参数信息

像素数量	1,240万像素
照片尺寸	4,240×2,832（无损RAW格式文件约26MB/张）
对焦点数	169点反差检测对焦点
连拍速度	5张/秒
视频格式	支持3,840×2,160p/29.97 fps（100 Mbps）机内录制
取景器	0.78×倍率，235万点EVF
相机规格	126.9mm×95.7mm×60.3mm /584g

镜头推荐

电影镜头 FE PZ 28-135mm F/4 G OSS（SELP28135G）

FE PZ 28-135mm F/4 G OSS是电动变焦镜头，这支镜头在搭配索尼全画幅微单相机A7SM2、A7RM2，或者索尼摄像机PXW-FS7使用时，可以拍摄4K视频。12组18片镜片结构中使用多片非球面镜片和ED超低色散镜片以获得相对不错的成像质量。镜头内置的索尼OSS光学防抖系统可以减少拍摄过程中产生的抖动。

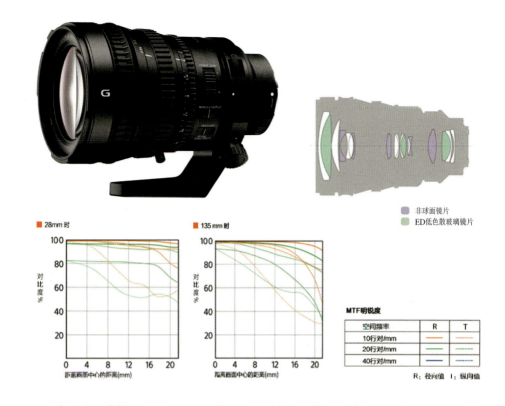

这支镜头的优势在于以下三点，其一是它配备了手动和自动的双系统。对焦、变焦和光圈调整都可以在自动模式和手动模式之间方便自如地切换。通过镜头上的电动马达控制键可以平滑地推拉变焦，这一点对于拍摄诸如纪录片之类的动态影像是非常重要的。其二，这支镜头是电影头。一般而言，用在微单、单反相机上的镜头更注重拍摄静态图像时的成像质量，而并不关注拍摄动态影像时的表现。当这些镜头在拍摄动态影像时会存在明显的呼吸效应，即在对焦时画面的视角会发生变化。然而这支专门为拍摄动态影像设计的镜头几乎不存在呼吸效应，并且在变焦过程中的焦点漂移很小。其三，对于全画幅微单相机而言，28mm的广角基本够用，然而对于诸如索尼PXW-FS7等Super 35mm格式的数字电影摄影机而言，这支镜头的广角端就消失不见了，因为要乘上1.6左右的系数。

从视频影像拍摄的角度看，这支镜头的整体表现算是中规中矩，锐度尚可，光圈虽然不够大，但胜在焦段非常好用。按我们爱摄影工社惯有的苛刻户外要求衡量，在高海拔、极低温的特殊拍摄环境下，这支镜头出现故障的几率要比其他索尼FE系列镜头高，这可能和其内部大量的电控单元部件相关。不过考虑到这支镜头相当亲民的价格以及非常好的实用性，对于拍摄普通的2K高清甚至4K影像来说，这支镜头还是非常值得推荐的。

第8章 微单极限挑战

引言

楚利彬是爱摄影工社的视频技术顾问。近年来他频繁出没于喜马拉雅山麓拍摄纪录片，所以对于微单系统在极限条件、极限温度、恶劣环境下的表现，他具有充分的发言权。

8.1 带上微单去珠峰

通常所有厂家标出的相机适用的温度都是在比较"正常"的情况下，但摄影师们会经常有机会在超出这个范围的情况下工作，并希望相机能在各种艰苦的环境下使用。比如A7系列标注的适用温度是：0～40℃，但我自己带着A7R和A7RM2在海拔5,700米和-30℃的地方正常使用过，而且我还有兴趣想知道它们的极限到底在哪里。

从2013年起，楚利彬老师开始拍摄一部关于珠穆朗玛峰登山的纪录片。每次他出门，我都跟他商量争取让他帮我把"爱摄影"的小旗子带到雪山顶上拍个照，顺便帮我们做各种摄影器材的极限测试，包括索尼A7系列。

2014年春天，楚老师拍摄的中国登山队开始准备攀登世界第一高峰珠穆朗玛。他和A7R刚刚抵达珠峰南坡大本营，很不幸遭遇到4月18日珠峰昆布冰川西肩冰崩事故，此次意外导致16名夏尔巴人遇难。由于夏尔巴高山协作群体对于尼泊尔政府赔偿不满，引发抗议活动，使得2014年珠峰南坡春季登山季提前关闭。

2015年春天，楚老师带着A7S，跟随登山队又一次到了珠穆朗玛峰山脚下。几天后，4月25日，尼泊尔发生了8.1级地震，珠峰EBC对面普莫瑞山脊悬冰川震落，加之努子峰冰崩，诱发巨型雪崩两面夹击营地，造成至少21人丧生，EBC中段营地重创，楚老师的营地处于上段，团队万幸没有伤亡。次日清晨，他们紧急下撤到安全地区，所有摄影器材都只能暂时留在大本营。7月，楚老师才有机会再回到尼泊尔取回那些装备。

2015年秋天，楚老师拍摄的这支登山队再次回到喜马拉雅山区，并成功登顶了距离珠峰不远、海拔6,812米的技术型山峰阿玛达布朗峰，这一次他们把A7RM2和A7S带上了顶峰。

所以，我想他目前是最有资格和经验的人，来跟我们聊聊索尼A7系列在高海拔登山这种极限环境下的使用情况。

采访：对话楚利彬

赵嘉：先说说你这几次拍摄带的设备。

楚利彬：我最近三年内拍了三次高海拔登山的题材，因为拍摄环境特殊，在设备选择方面，首先考虑的就是小型便携式及适应高海拔超低温环境的设备。第一次使用的器材主要以佳能为主，第二次因为升级到4K，而采用索尼+松下+佳能混搭的模式，第三次主力拍摄机型则基本全部采用索尼。

最近在阿玛达布朗峰拍摄，我带了索尼的A7S、A7RM2、PXW-FS7和FDR-AX100E，前三款机型因为镜头通用，且都可使用S-Log曲线，优先考虑作为登山全程主力机型，再考虑到便携性，两台FS7作为基地大本营及C1营地主力拍摄机型，两台A7S+4K记录仪作为基地大本营辅助机型和登顶备用机。而A7RM2和AX100E在C2以上及攻顶过程使用。其中AX100E是索尼手持DV序列中唯一一台具有全手动操作模式，带有ND滤镜的4K掌中机，这在冰雪覆盖，阳光折射率达90%的雪线之上，有极大的便利性，这台机器作为夏尔巴高山协作的随身机器非常合适。

还带了松下GH4、佳能5DⅢ、GoPro HERO4和人疆4K无人机。松下GH4的优势是对焦速度较快和体积较小，但是M4/3系统的缺点也很明显，缺少全画幅机器景深质感

4K视频素材片段

PXW-FS7和FDR-AX100E

和在低照度下的无能为力，我也称GH4是阳光机。另外镜头的匮乏也使得这两台机器在阿玛达布朗峰拍摄中沦落成备用机。

GoPro4如果在高海拔超低温下单独使用，意义并不是很大，无防抖和超短的电池寿命使得素材有效率极低。这次与其配合并且改良过的三轴稳定仪解决了运动抖动和供电问题，使得GoPro4在C2以下拍摄有了惊人的视觉效果及大大提高了素材有效率。

因为这次拍摄全部都是4K机型，5D Ⅲ 的视频功能没有使用，主要是配合四轴电控云台来进行逐格拍摄工作。

虽然其他品牌的小型无反相机也能拍4K，但索尼A7系列的画质明显具有优势，如果你在野外使用4K拍摄，力求在画质和轻便性上达到一个更好的平衡，我感觉当下A7系列是个很好的选择。

GoPro HERO4和三轴稳定器

目前用A7系列拍摄视频，机内直出4K素材的只用A7RM2、FS7。剩余机型都是依靠外接的4K视频记录仪，能够记录YUV 4:2:2采样和10bit宽容度的素材，显然拓展了后期的制作空间。这个4K记录仪对A7S、FS7包括A7RM2的支持极为友善，而且7英寸的1080P分辨率液晶屏对于改善对焦精度效果明显。

赵嘉：这次阿玛达布朗拍摄中，遇到了什么问题？

[右页图：光圈 f/5.6，快门1/640s，ISO100；机身：A7R，镜头： 50/1.4 ZA]

楚利彬：在使用的设备中，大疆的无人机先挂掉，虽然在5,400米的珠峰大本营，我也试过无人机航拍，但是在海拔4,600米的阿玛（阿玛达布朗峰）基地大本营，起飞不到4分钟，便因为温度过低导致电池电压突然下降失去控制，坠机烧毁电机，当然这也大大超过了无人机说明书的飞行海拔和规定温度。在冲顶过程中，其中一台AX100E则因为放在羽绒服里，拿出后镜头出现冷凝，一直去除不掉。GoPro 4倒是还能开机，只是它的三轴稳定仪虽然使用了特殊电机，在极寒下还是停止了工作，而且失去外部供电，拍摄一条几分钟的视频，GoPro4就会出现低电压报警。iPhone之类的手机，半山腰拿出来，不超过30秒就会自动关机。坚持到最后的是A7RM2，登顶后，拿出来马上工作，并且在峰顶一直拍摄，完成诸如环拍、采访等一系列工作。

赵嘉：登顶的时候反倒不算是特别冷？

楚利彬：不算特别冷，因为当时是将近中午了，当时A7RM2的显示屏也没问题。

赵嘉：当时这几台机器遇到按键失灵和光圈跳动的问题了吗？

楚利彬：按键失灵算是正常的了，你见过调光圈的时候光圈值来回乱跳的吗？我遇到过索尼A7S的光圈从f/2.8一下跳到f/6.4，或者收缩一挡光圈，光圈值反而变大的事情。但是最严重的实际上是索尼PXW-FS7，我不知道是不是系统处理能力的问题，第一是调节菜单速度会变得很慢，第二是失灵几率远超A7S和A7RM2这两种机型。

4K视频素材片段

花絮：低温下相机的使用注意事项

索尼A7系列相机电池的容量小、续航弱，一块电池差不多只能拍摄四百多张图片。电池的问题在低温环境下更加突出，寒冷的天气会更快地消耗电池的电量，因此对电池的保温变得非常重要。在不拍摄的时候，务必将电池从相机里取出来并且放在贴身衣袋内，等拍摄时再装上电池。在拍摄延时摄影时，需要使用相机的低温保护套以及诸如暖宝宝之类的自发热物。如果温度低于-40°C，会彻底冻坏电池。对于喜欢寻找极限景致的摄影师来说，在极寒地方拍摄时，一定要做好电池的保温工作。除此之外，电池本身的可靠性也相当关键，请尽量使用原厂电池。原厂电池在电量上要比副厂电池多一些，并且耐用性也更好。

在寒冷的天气下，尽量不要折腾器材。在镜头选择上，尽量使用顶级的定焦镜头，变焦镜头要慎重使用。由于变焦镜头内部结构要比定焦镜头复杂，发生故障的概率更大。低温很可能会冻坏镜头，使镜头内部的组件变脆，尤其是塑料组件。这样在转动变焦环的时候，很有可能无法使用。

另外，除了温度保护之外，还需要注意镜头起雾以及相机静电的问题。起雾是由于从寒冷的室外进入温暖的室内之后，空气遇冷凝结在镜片上形成水汽。如果水汽出现在镜头内部，清理工作将非常麻烦。所以此时应该将相机放在摄影包内，稍等一会儿再取出来，要让相机渐渐"适应"环境温度。在出现凝结水汽的情况时，千万不要把镜头卸下来，否则相机的CMOS上很可能也会迅速凝结一层水汽。

在寒冷的拍摄情况下，也会产生静电的问题。由于温度较低水汽凝结，空气比较干燥，非常容易引起静电。虽然静电对数码相机很难造成直接的危害，但是静电会导致灰尘吸附。防静电手套就是针对这种情况而设计生产的。另外，有些清洁棉棒的棉头上，也都预先浸有除静电液体，在使用时可以防止静电吸附灰尘。

赵嘉：其实高海拔和特别寒冷的时候，所有的机器都有可能出现这种情况。那A7RM2没有出现这种失灵情况？

楚利彬：没有出现。整个拍摄过程中，因为寒冷的缘故，A7S出现过两次花屏，屏幕完全花掉，而A7RM2一直没问题。A7S在抗寒冷方面远远不如A7RM2。有些时候，我用A7S搭配4K记录仪拍摄，4K记录仪还能正常工作，但是A7S的屏幕已经完全看不见了，屏幕上花成了一道道竖条。

[后页图]：摄影：楚利彬；光圈f/4，快门13s，ISO640；机身：A7RM2，镜头：FE 16-35/4 ZA]

赵嘉：液晶屏在寒冷的地方使用就是会有这样的问题。到了顶峰的时候你们做什么特殊保温了吗？

楚利彬：机身没有（特殊保温），电池需要揣在羽绒服里，（A7RM2）从技术背包里直接拎出来，装上电池就开始拍了。

赵嘉：那你未来可以用A7RM2完全替代A7S吗？

楚利彬：A7RM2在低照度的时候与A7S相比，彩噪问题太严重了。

赵嘉：那当然，A7S在高ISO下表现肯定更好，毫无疑问。

楚利彬：其实，在拍摄视频时，噪点也是影像质感的一部分，甚至有些摄影师反倒会很喜欢噪点，比如他会寻找在某个ISO下能够产生类似胶片噪点的质感。但是A7RM2视频的噪点是彩噪，给人一种很低劣、很难受的感觉，而A7S的噪点则是典型的白噪点，看上去很像胶片的颗粒。不论白天和晚上，只要是在暗光环境下A7RM2的彩噪问题就会特别突出，十分影响拍摄情绪。

赵嘉：所以总结下来目前索尼A7系列在高海拔拍摄最主要的短板就是电池？

4K视频素材片段

楚利彬：对，索尼相机的画质是（其他无反相机）无法超越的，但是索尼的电池根本就无法和佳能相比，尤其是在低温中的稳定性。

在拍逐格的时候，你能感觉到5D Ⅲ在超低温环境下的皮实，让你心里十分踏实。索尼微单在晚上放在外面拍摄逐格时会自动停止工作（因为电池没电），但是佳能相机就算是被雪和冰罩住，外表都看不出机器长什么样了，它依旧在工作。

A7系列在极限环境下拍视频，电池续航能力也是个大麻烦，一节电池只能用不到30分钟，用的时间和GoPro差不多。

赵嘉：你使用（A7系列的）双电池手柄了吗？

电池手柄除了可以增加相机的续航时间，它还是使用FE 24 70mm F/2.8 GM这类大型镜头的必备附件

楚利彬：就算是使用了双电池手柄也不能完全解决问题。首先，它不像松下GH4最起码能使用三块电池。GH4可以做到在不关机的情况下，更换电池盒里的电池再放入一块新电池。A7系列换电池的时候一定会关机。

市场上没有能兼容双电池手柄的摄像"兔笼"。因为拍摄视频时要安装许多附件，"兔笼"是必须要装的。因此装上双电池手柄就不能使用"兔笼"了，使用附件就要受到很多限制，所以就只能用单电池。现在（安装"兔笼"之后）虽然叫以依靠Micro USB插口充电，但是机器开始拍摄时，Micro USB端口就会终止充电，A7RM2还是会继续消耗机身内的主电池，一旦主电池耗完电，机身立刻就会关机停止拍摄。

另外，A7RM2的充电器充电时间特别长，没有快充功能，我一晚上有十几块电池要充，根本忙不过来。

赵嘉：说说镜头。

楚利彬：镜头方面，索尼的35mm/1.4（Distagon T* FE 35mm F/1.4 ZA）表现非常优秀，一直登到山顶都没有出现问题。35mm/2.8（Sonnar T* FE 35mm F/2.8 ZA）表现也还不错，平时挂机一直用这支镜头。

在高海拔和极端寒冷的情况下，最先出问题的是28-135mm（FE PZ 28-135mm F/4 G OSS）镜头，电动变焦和对焦都出现问题了。再然后是16-35mm（Vario-Tessar T* FE 16-35mm F/4 ZA OSS）镜头，出现焦点不平，有可能是某个镜片或者元件受到挤压或者倾斜。90mm微距（FE 90mm F/2.8 G OSS）镜头也曾出现不能对焦的问题。

赵嘉：在高海拔寒冷地区拍摄会经常遇到镜头的冷凝问题，尤其是日出前后，你是怎么解决的？

楚利彬：没有特别好的解决办法，只能等，放在有阳光的地方晒，索尼镜头大概15到20分钟就能消失，佳能镜头需要半个小时左右。

我这次的镜头装备除了全套索尼之外，还带了转接环使用佳能EF 100-400mm F/4.5-5.6L IS II USM和EF 8-15mm F/4L USM鱼眼镜头。另外还有腾龙的SP 15-30mm F/2.8 DI VC USD，这支镜头的成像还是可以的。

佳能EF 100-400mm F/4.5-5.6L IS II USM　　　　腾龙SP 15-30mm F/2.8 DI VC USD

赵嘉：我记得你这次使用的是480GB的固态硬盘，使用这个硬盘拍摄和晚上导出需要多少时间？

楚利彬：这款固态硬盘用于4K记录仪，在4K的Pro res HQ模式下，能拍摄1小时20分钟素材，而晚上在零下10摄氏度的工作帐里导出的话大概需要2个小时。

如何安全存储及提高存储速度一直是高海拔拍摄的大问题，有过2014年、2015年珠峰大本营存储的经验，我已经放弃了需要外置供电的3.5寸硬盘的各类系统。在高海拔营地里，不能保证稳定的电力及恒定的温度，这些都是3.5寸硬盘系统的噩梦。

我这次阿玛达布朗峰拍摄所使用的存储系统是10块带有雷电接口的4TB免外电2.5寸硬盘阵列。刚到阿玛（阿玛达布朗峰）营地时，因为低温，备份传输速率虽然比在北京慢了一倍，晚上还能进行导出及备份，随着进入11月，喜马拉雅山区夜晚的温度越来越低，（电子设备难于启动）存储就越来越困难。我记得冲顶当天晚上想试图备份素材数据，结果只有十几KB的传输速度，最后只好把存储卡标注信息，返回加德满都，在酒店里才做了备份。

前往高海拔地区拍摄，最佳的数据备份设备还是SSD固态硬盘。
直接购买SSD移动硬盘或者使用硬盘改造

赵嘉：那是因为在温度低的环境下机械硬盘是不工作的。

楚利彬：我现在在特殊环境中带了2TB的固态硬盘。比如说在C2营地的时候带了配置固态硬盘的笔记本电脑和一块500GB的固态硬盘，作为数据的暂时存储工具，这些都没有问题。但是最大的问题是笔记本电脑在零下15摄氏度以下因为保护而不能充电，所有的笔记本电脑都不行。当然，也包括A7系列所有的充电器，一样会停止工作。

赵嘉：就是因为极度寒冷，刚才您还提到iPhone也会迅速断电。那么脚架没问题？

楚利彬：因为考虑到重量及便携性，所以这次脚架用的都是捷信的登山系列，0系列、1系列、2系列、3系列一共6支脚架，分别在不同海拔高度的营地使用，用起来都还好。

[后页图：摄影：楚利彬；光圈 f/8，快门1/30s，ISO100；机身：A7RM2，镜头：FE 16-35/4 ZA]

引言

孙少武是一位优秀的潜水专家、水下摄影师,他使用微单相机进行水下拍摄已经有一段时间了。水下摄影和常规的摄影不同,有很强的特殊性,而微单相机的轻便小巧、高像素、水下白平衡、防抖、转接镜头方便、高感光度的优异画质和超高动态范围,让孙少武印象深刻。

8.2 带上微单走向深蓝

采访:对话孙少武

吴穹:您是从什么时候开始接触潜水摄影的?

孙少武:我最早接触潜水摄影是在2005年,因为我在2003年学习了潜水,很想将海底世界的美丽景象留下来和身边的家人和朋友们分享。之前我使用过奥林巴斯C-4040 Zoom和C-5050 Zoom,因为它带有原厂的防水壳。10年前的产品都只有三四百万像素,当年的单反甚至还没有发展到这样的程度。我最早使用的数码单反相机是尼康的D70,使用了单反之后发现单反有更好的对焦速度和精度,包括镜头也有更多的选择,积累了一些经验,出了一些片子,所以就一发不可收拾了。

奥林巴斯C-4040 Zoom

奥林巴斯C-5050 Zoom

吴穹:潜水摄影对于摄影师的潜水技术要求应该很高吧?通常一名水下摄影师需要多长时间的训练呢?

孙少武:对,潜水摄影具有非常高的专业性。我从事潜水摄影已经超过10年了,就现在国内整体的情况来看,能够达到专业水准的人并不多。因为通常一个新人至少要潜50次水才能拿起相机拍摄，而且拿起相机之后没有两三年也没法拍出合格的照片。

我现在已经是"课程总监"（最高级别的教练），也教过上百个学生，其中包括许多不同年龄层次和不同学习能力的人，有些学得快，有些学得慢一点，很多游泳一般的人下水以后反而学得更快，我们称这种状况为"水感"比较好，在水中想拥有陆地上那种想走就走、想停就停的状态，没有20～30个氧气瓶的消耗，即使你的学习能力再好也很难控制。

在你学会潜水的基本控制之后，空手潜水和拿起相机又是两种状态，因为你的双手不能离开相机，所以你需要用蛙鞋来调整自己的位置。耗气量也大不一样，我见过许多陆地上的摄影师，在下水之后不一定能拍出好的作品，是因为他们习惯了陆地上那种根深蒂固的摄影方式。在陆地上每一天都可以出去创作，但是水下拍摄不可能这样，比如水下拍摄的设定，在一些极端的环境中需要使用手动对焦，而且曝光的设置实际上比较弹性，一般我们都使用M挡手动曝光。但是肉眼看和相机的CMOS成像是两回事，相机成像是依据空气中的测光原理，而在水下就不是你所需要的画面了。所以我们在水下一般会依据经验拍摄一张看看是否符合自己的需要，从而确定自己的曝光组合，此外我们还要使用闪光灯来进行补光。而且国内少有适合的海域进行拍摄，

[下图：摄影：孙少武；光圈f/8，快门1/320s，ISO3200；机身：A7RM2，镜头：索尼16/2.8鱼眼镜头]

需要去国外拍摄。所以一个水下摄影师要做到能应付所有的场景和环境，最少需要经过两三年的历练。所以严格来说，没有三、五年的学习和实践都不能叫"水下摄影师"。

吴穹：您为什么会选择A7RM2作为水下拍摄的器材？

孙少武：我使用索尼微单系统的原因，一方面因为朋友的推荐，另外也是因为我看中了索尼的强大科技。A7RM2相当轻便、小巧，同时还有很好的成像质量。最开始，我还使用过一台索尼NEX-7相机，搭配一支蔡司镜头在水下进行拍摄，成像质量非常好。因为水下摄影和陆地上真的很不一样，通常的相机和镜头都是针对空气中的问题，但是水下的浮尘等物质都会影响相机的锐度和色彩，就算最好的哈苏相机的画质都会有折扣。

此外，A7RM2的混合对焦系统也不错，A7M2我也使用过，但A7RM2拥有更好的混合对焦系统，只有它能做到和四代转接环配合进行快速的自动对焦，同时我们还可以比较方便地进行手动对焦。现在我大概有8个学生也在使用A7RM2在水下拍摄，A7RM2比较符合我们的要求，它的功能没有什么缺失，是A7系列中的顶级相机。A7RM2的水

[下图：摄影：孙少武，光圈f/10，快门1/160s，ISO200，机身：A7RM2，镜头：索尼16/2.8 鱼眼镜头]

[上图：摄影：孙少武，光圈 f/8，快门1/125s，ISO200，机身：A7RM2，镜头：索尼16/2.8鱼眼镜头]

下白平衡功能和连拍速度我觉得很重要。5张/秒的连拍对我来说足够了，我不需要更快的连拍，因为闪光灯的回电速度达不到那么快，而且5张/秒的速度面对一些大型的海洋生物还足以应付。当然如果未来连拍能更快也不错，我只需要把闪光灯的功率调小搭配正确的曝光就行。比如在拍摄一些海洋生物，像小海马的生产过程时，一般只有几秒钟，这种情况下更快的连拍就十分有用了，而且闪光灯的水平也在不断进步，这是我对A7系列未来的一个期望。

对于潜水摄影师而言，其实我们对于器材的要求是非常严苛的，可以说我们需要的是最好的器材。因为我们没有时间去浪费，而且不可能同时携带两台相机和镜头下水。比如拍摄豆丁海马的动物行为需要两到三年才能出一系列的片子，因为每个地方都有特定的季节和潮汐时间，不同时间能见度和环境都会受到影响。而且水下摄影的成本很高，比如我们去一次菲律宾拍摄，整个费用需要10,000元左右，总共大概是10次潜水，每次潜水时间只有45分钟，也就是说每次1,000元。而在这45分钟里，除去寻找拍摄机会的时间，真正拍照的时间只有几分钟，这是十分珍贵的，所以我们对于相机的要求基本上是陆地上的摄影师的总和。

另外，陆地上的摄影师可以分门别类，例如：风光、人像、动物、建筑、艺术、人文等类别，但是水下摄影师一般都要全能。

吴骋：嗯，这对于相机确实是一个挑战。那么还有哪些性能和特性您觉得对于水下摄影有帮助呢？

孙少武：*2015年*，索尼收购了一部分奥林巴斯的相机业务，新增加的五轴防抖功能很有用。但这个还不是我认为对我帮助最大的，最重要的还是前面提到过的水下自动白平衡功能，因为在水下拍摄距离超出*5米*，红色等长波长的颜色就可能消失了，因此往往需要使用摄影灯或者闪光灯补偿。特别是拍摄视频时，水下不能使用陆地上光通量高达几十万流明的摄影灯。目前水下最大光通量的摄影灯只有一万流明，并且对于水下摄影师来说，这些灯的成本大概是一流明一块钱，最好的灯一只就要一万元。所以在光线充足的地方，利用*A7RM2*的水下白平衡功能进行补偿，配合比较少的灯就可以很好地进行补偿，很有价值。

吴骋：那么通常您会搭配什么样的镜头进行拍摄呢？

孙少武：水下摄影我通常会用鱼眼镜头，若拍摄一些类似水上婚纱人像的话可能会用到一些超广角镜头，比如*16-35mm*，但主要还是用鱼眼镜头。同时我也会使用微距镜头，主要用于拍摄水下一些小生物生产、觅食、打斗、交配等动物行为。这种题材是我们水下摄影师拍摄的终极目标。

吴骋：为什么主要使用鱼眼镜头？

Nauticam专业相机潜水壳

[右页图]：摄影：孙少武，光圈f/16，快门1/160s，ISO1000；机身：A7，镜头：索尼16/2.8 鱼眼镜头]

孙少武：水和空气都是一种介质，在空气中好的镜头配上一些劣质的滤镜会将镜头成像的优势全部抹掉，在水下也是同样的道理。水就相当于一块厚厚的玻璃挡在你的镜头前，会导致成像质量变差。所以镜头焦距越短，保持和被摄者更近的距离，成像质量越好。因为水下没有直线，看不出明显的变形，在拍摄中有经验的摄影师会靠近主体，画面中心的景物可以避免畸变。由于光线的折射，镜头的焦距也需要乘以大概1.3倍，比如15mm的镜头在水下相当于19mm。所以我们使用鱼眼镜头是因为它的视角更合适。

吴穹：我们在制作《万兽之灵：野生动物摄影书》的时候也采访过一些进行水下摄影的国外摄影师，他们除了对于相机镜头有很高的要求之外，对于附件也有非常高的要求，您通常会使用哪些附件？

《万兽之灵：野生动物摄影书》已经于2014年出版

孙少武：是的。水下摄影的各种附件是非常必要的，它们也都非常昂贵，我们需要使用水下闪光灯来进行补光。在水下闪光灯的使用上有两个问题。一个是如何连接：需要用金属的钳制夹和灯臂在镜头两边撑开，方便在水下布灯，甚至使用四支闪光灯；还有一个问题是闪光灯和相机如何连接。一般的标准配置是使用两个闪光灯，由于水下光线的折射会削弱闪光灯的照度，所以需要大功率的闪光灯。水下闪光灯是很贵的，包括防水壳也是很贵的。我自己的防水壳不止一个，因为每个厂家的产品都有各自的特色，有的材料好，有的工艺好，有的设计好，很难有一样十全十美的产品。

基本上防水壳都会比相机贵，有竖拍手柄的专业相机防水壳最贵，大概要三万元左右，而5D MrakⅢ和D810之类的单反相机（的防水壳）大概两万多元，闪光灯在四五千元左右，闪光灯的连线需要一千多元，整套灯臂的价格则是三四千元。此外相机上还要针对镜头配备不同的镜头罩，这些镜头罩会在水下改变镜头的屈光度。比如鱼眼镜头的镜头罩就是一个带有镀膜的半球体（Dome Port），如果是微距镜头，它的镜头罩是平的。这两种镜头对于水下摄影都已基本够用，但是在拍摄水下视频或者一些难以靠近的大型动物时就需要用到16-35mm、17-40mm等超广角镜头。

吴萼：通常选择防水壳有哪些注意事项？

孙少武：防水壳只有两个要求，第一是防水性能好，第二是操控性好。如果相机的转轮没法使用，只要可以用按键替代就没问题。设计好的防水壳会把所有主要功能键都设计在右手边，在水下我们很多时候一手拿相机一手扶着石头固定身体，加减曝光和按快门都是使用右手，有时还要调整闪光灯的输出，所以对于防水壳我们讲求的是操作方便、功能全面。

吴萼：人在水下待久了会有一些不良反应，您能大致介绍一下吗？

孙少武：我们在30米的深水中只能待一小时左右，但是在5至10米的深水中可以待两个小时，这是因为我们的氧气瓶中的气体每下潜10米就会压缩一倍。还有一个问题是溶氮，因为我们呼吸的是压缩空气而不是纯氧。空气中大概21%是氧气，其他79%都是氮气，氮气作为惰性气体不被人体吸收但会随着深度的增加通过每一次的呼吸溶解留存于人体内。如果在潜水过程中上升速度过快，每分钟超过9米，因为压力快速变化，氮气会从软组织里跑出来堵塞血管，就像可乐在摇晃之后打开瓶盖一样。

有的时候我们还会遇到在水中突然没有气体的状况，如果身边有自己的潜伴，我们可以用他们的气瓶慢慢上升，如果身边没有人只能慢慢上浮，同时把肺里的空气都吐出来。因为空气在上升过程中受到的水压变小，如果你憋住气到了一定的高度肺泡就会破裂而造成伤害甚至致命。

潜水虽然不是一项特别危险的运动，但要认真学习潜水是因为我们是去另一个空间进行拍摄，需要掌握很多知识，特别要遵守安全守则，一不小心就会出问题。所以为什么潜水摄影作品那么贵。虽然说水下摄影师不是用生命来拍照那么夸张，但也不是一件轻轻松松的事。此外还需要配合上你的海洋生物知识，这就和陆地上拍摄野生动物或者自然摄影的摄影师一样。很多海洋生物都是共生的，要知道哪一种生物会在什么地方，和什么生物在一起。坦率地说，我也是十年的拍摄积累才会有这样的经验积累，而许多摄影大师则是几十年坚持自己的梦想和创作热情，但是水下摄影想要达到一定高度比陆地摄影要难得多。

吴萼：最后一个问题，您现在最常潜水的地方都有哪些呢？

孙少武：我的时间比较充足，一年大概有6～8次的旅行，平均每次1～2周。其中的一两次会到南美洲或者南太平洋这些比较难以到达的地方，多数时间我会去东南亚，比如菲律宾、印度尼西亚、马来西亚，因为费用比较低廉。

[后页图：摄影：孙少武；光圈f/10，快门1/160s，ISO1250；机身：A7，镜头：索尼16/2.8鱼眼镜头]

器材推荐

镜头推荐
索尼G Master系列镜头

2016年2月初,索尼正式发布了三支全新系列的高端镜头:*FE 24-70mm F/2.8 GM*、*FE 70 200mm F/2.8 GM OSS*和*FE 85mm F/1.4 GM*。另外,还有两支专为全画幅*E*卡口设计的增距镜,倍率分别是*1.4x*和*2x*。

*GM*表示*G Master*,比目前*G*系列档次更高,是索尼着眼于未来全新开发的系列。

在影像传感器领域,索尼已经是绝对的领导者。索尼清楚地知道如何最大化地释放其研发制造的影像传感器的能量,这对于镜头的设计而言具有指导性意义。

对于使用索尼微单相机的职业摄影师或者高级摄影发烧友来说,其中的一个期盼是顶级的大光圈定焦镜头。在*FE 85mm F/1.4 GM*发布之前,能够满足这样需求的也只有*Distagon T* FE 35mm F/1.4 ZA*这样一支镜头,或许还可以算上成像质量相当出色的*Sonnar T* FE 55mm F/1.8 ZA*以及非常规的*FE 90mm F/2.8 G OSS*微距镜头。终于,索尼发布了*FE 85mm F/1.4 GM*这样的一支大光圈人像镜头。

FE 85mm F/1.4 GM

*FE 85mm F/1.4 GM*最核心的三个特质是：极佳的分辨率、漂亮的*bokeh*效果（焦外），以及针对视频拍摄的设计。

这支镜头的分辨率紧跟索尼影像传感器前进的步伐，镜片组中使用的一枚极端非球面镜片（索尼称之为XA镜片）能够显著提升影像的边缘分辨率。从公布的*MTF*曲线来看，在最大光圈下，从中心到边缘都具有相当出色的锐度。

完美的*bokeh*效果（焦外）可以将背景逐步地融化在大块色斑中，创造赏心悦目的艺术表达。这支镜头的诸多设计都是为了实现这一目的。这支镜头是首支采用*11*枚光圈叶片的索尼α系列镜头，更多的光圈叶片使得焦外光斑更加漂亮。大多数采用非球面镜片的镜头在大光圈下，焦外光斑通常会呈现出"洋葱圈"的现象。这主要是因为使用传统非球面镜制造工艺生产的非球面镜片难免会有表面不光滑的部分。索尼对XA镜片使用了高精度的研磨工艺，以实现平滑的过渡。色差不仅会降低分辨率，而且也会影响*bokeh*（焦外）的效果。因此，在镜片组中使用了三枚超低色散（*ED*）镜片来控制轴向色差，使得影像的清晰度更好、色彩更自然。

纳米抗反射镀膜能够减少镜片之间的反射光线，从而抑制眩光和鬼影，同时提升影像的清晰度和对比度。

除了静态图像之外，动态视频是索尼微单相机的另一个发展方向。这支镜头的诸多设计考虑了视频拍摄的实际要求。减低杂音对视频拍摄而言非常重要，超声波马达（*SSM*）可以带来安静而又迅速的自动对焦。无级光圈可以让光圈的调节更加顺滑和安静。特别指出的是，这支镜头采用了双传感器系统来确保最精确的自动对焦。

使用索尼微单相机的摄影爱好者的另一个期盼是"大三元"系列的变焦镜头。尽管*Vario-Tessar T* FE 16-35mm F/4 ZA OSS*、*Vario-Tessar T* FE 24-70mm F/4 ZA OSS*以及*FE 70-200mm F/4 G OSS*组成的"小三元"系列镜头的成像质量相当出色，但是大多数的摄影爱好者对于*f/2.8*的光圈还是有需求的。

*FE 24-70mm F/2.8 GM*和*FE 70-200mm F/2.8 GM OSS*将极高的镜头分辨率与完美的*bokeh*效果结合起来，能够带来对人像、旅行、报道、体育以及野生动物等拍摄题材的极致表现。

*FE 24-70mm F/2.8 GM*这支镜头也使用了XA镜片，连同另外两枚非球面镜片一起，用来减少像差并且提升整个像场内的分辨率。从公布的*MTF*曲线来看，广角*24mm*端光圈全开时，中心和边缘的对比度非常完美，近似于天花板曲线；边缘的锐度稍稍低于中心的锐度，不过也依然相当出色。在中焦*70mm*端光圈全开时，与*24mm*端的情形类似，从中心到边缘对比度维持在相当好的水准上，然而边缘锐度相比于中心锐度会有一定程度的下降。

FE 24-70mm F/2.8 GM

ED低色散玻璃镜片
超级ED低色散玻璃镜片
非球面镜片
XA非球面镜片

广角24mm端

中焦70mm端

空间频率 | R | T
10行对/mm
20行对/mm
40行对/mm

R：径向值 T：纵向值

　　意料之中的事实是，FE 24-70mm F/2.8 GM这支镜头在体积上较大，重量上也较重。简单地列下Vario-Tessar T* FE 24-70mm F/4 ZA OSS的规格参数：长度94.5mm，滤镜口径67mm，重量约426g。相比之下，FE 24-70mm F/2.8 GM均有显著的"提升"：长度136mm，滤镜口径82mm，重量约886g。

　　FE 70-200mm F/2.8 GM OSS这支镜头可以呈现非常清晰和锐利的影像，所使用的特殊镜片包括：一枚XA镜片、两枚非球面镜片、两枚超级ED镜片和四枚ED镜片。在

[右页图：光圈f/11，快门13s，ISO100；机身：A7，镜头：FE 24-70/4 ZA]

光圈全开时，70mm和200mm端中心和边缘的对比度均相当出色，然而70mm端边缘锐度相比于中心锐度下降较多。

与FE 85mm F/1.4 GM一样，FE 70-200mm F/2.8 GM OSS也使用了11枚光圈叶片，焦外光斑会非常漂亮。

FE 70-200mm F/2.8 GM OSS这支镜头的一个优势是它的对焦距离仅为0.96米。索尼FE 70-200mm F/4 G OSS、尼康AF-S 70-200mm F/2.8G ED VR Ⅱ、佳能EF 70-200mm

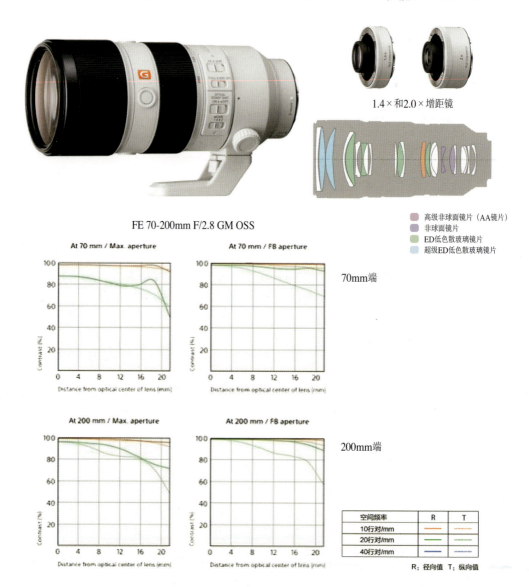

F/2.8L IS Ⅱ USM、佳能EF 70-200mm F/4L USM这些镜头的最近对焦距离均在1米以上。这对从事室内摄影（诸如婚礼纪实之类）的摄影师来说确实是个好消息，狭小的空间有时候使他们即使退到墙边也无法满足最近对焦距离的要求。另外，浮动对焦的设计可以有助于校正影响近摄性能的变形和像差。

双线性和环形超声波马达（SSM）能够在拍摄静态图像和动态视频时实现准确和迅速的自动对焦。

FE 70-200mm F/2.8 GM OSS和FE 70-200mm F/4 G OSS体积上差别不大，然而重量从840g增加到1480g，滤镜口径从72mm增大到77mm。

面对成像素质极佳但是体积更大重量更重的镜头，如何选择和搭配镜头又将是摄影爱好者"幸福的烦恼"了。在使用索尼A7RM2这样的顶级全画幅微单相机时，是追求便携性还是更注重画质？每个人的出发点不同，选择也将不一样。镜头做得越大，成本就越低。要是镜头体积又小成像又完美，只有使用特殊玻璃以及需要更加天才的镜头设计了，那成本得多高啊！想想徕卡镜头吧。

［下图：摄影：郑顺景；光圈f/7.1，快门1/1250s，ISO800；机身：A7M2，镜头：索尼 70-400/4-5.6 G］

FE 90mm F/2.8G OSS 微距镜头

当你面对精彩的昆虫、花卉或者美食的微距照片忍不住发出惊叹声时，何不尝试使用FE 90mm F/2.8 G OSS微距镜头呢？你也可以拍出这样的照片。

这支镜头是中焦距微距镜头，拍摄时工作距离稍长，方便镜头顶端和主体保持一定的距离。好处是，近距离拍摄小主体时可以避免惊扰它，比如拍蛇的时候……你懂得的。超声波马达可以实现高速、安静的自动对焦。在完成自动对焦之后经常需要进行手动对焦微调，以使得对焦更加精准。当遇到镜头对焦对不上、拉风箱的时候，切换到手动对焦是更好的选择，最方便的做法是将对焦环向后拉到MF。纯手动对焦的微距镜头也相当常见，然而自动对焦可以帮助扩展镜头的适用领域，比如拍摄人像。当用在日常拍摄题材时，将对焦距离设置在0.5m到无穷远可以提高对焦效率。这支镜头的放大倍率为1：1，通过镜身上的转动环也可以将放大倍率调整为其他比例。

非球面镜片
ED低色散玻璃镜片
超级ED低色散玻璃镜片

微距镜头的色差控制非常困难，因此在11组15片的光学结构中使用了1片ED低色散玻璃、1片ED超低色散玻璃和1片非球面镜片来减少色差、像差。根据实际使用情况，这支镜头的色散被控制在肉眼无法察觉的范围内。

这支镜头的MTF曲线可以用"完美"来形容。光圈全开时成像质量非常高，中心和边缘都具有优异的反差和锐度。当光圈设置在$f/8$时，MTF曲线几乎贴近天花板。从分辨率角度来看，这支镜头的最佳光圈介于$f/5.6$到$f/8$之间，$f/8$以下的光圈成像质量逐

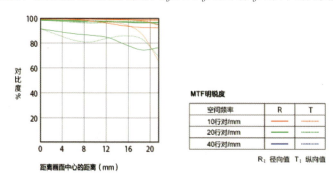

渐在下降。对于微距镜头，通常会使用小光圈，例如 $f/8\sim f/11$。对于这支微距镜头，我们的建议是最大光圈已经几乎是最佳光圈了，所有大光圈的画质都极好，最好不要使用小于 $f/11$ 的光圈。

严肃的微距摄影师通常都会使用三脚架来进行拍摄，然而考虑到这支中焦距的微距镜头还适合于拍摄其他题材（ $100mm$ 也是拍摄人物肖像的好焦段），因而所配置的光学图像稳定系统（OSS）可以在手持拍摄时降低抖动对图像清晰度的影响。

这支镜头成像锐利，色彩油润，具有微距镜头鲜明的风格。在索尼E卡口系列镜头中，这支镜头的做工是最精致的，让人爱不释手。可以肯定地说，这支镜头是目前所有FE系列和索尼G系列镜头中画质最好的。这支镜头的分辨率极高，和佳能著名的 EF $100mm$ $F/2.8L$ IS USM 微距镜头相比也毫不逊色，甚至很多用户觉得FE $90mm$ $F/2.8G$ OSS微距镜头的分辨率还要更胜一筹。

[上图：摄影：索尼官方样片；光圈 f/8，快门 1/8s，ISO100；机身：A7RM2，镜头：FE 90/2.8 G]

FE 90mm F/2.8 G OSS拥有非常好的细节表现力

FE 28mm F/2（SEL28F20）

28mm的视角比35mm的视角要广12°左右，而又没有明显的广角变形，因此28mm的镜头在室内摄影以及建筑摄影中会非常有用。定焦镜头的大光圈能够更好地突出主体和营造氛围，拍出更具现场感的画面。对于人文纪实来讲，28mm的视角非常合适。需要注意的是由于更广视角能够容纳更多的画面元素，这对构图技巧提出了更高的要求，主体与环境的空间关系变得更加重要。这需要拍摄者非常熟悉28mm的视角并且能够在实际拍摄中精确控制每个画面元素的位置、分布以及透视关系。

索尼FE 28mm F/2这支镜头体积比较小巧，和价格比，用料相当实在。1片高级非球面镜和2片非球面镜用来校正各种球面像差并且可以提高大光圈成像的反差，2片低色散ED镜片用来修正色差，多层镀膜能够消除眩光和鬼影。在光圈全开时，镜头边缘的反差和锐度与中心相比稍显不足。收小光圈后，解像力进一步提升并且能够维持到f/8。在光圈为f/8时，中心和边缘都具有相当出色的反差和锐度。由于光学衍射效应，镜头分辨率在f/16以后下降明显。

FE 28mm F/2的综合成像质量确实远不如Sonnar T* FE 35mm F/2.8 ZA，然而它具有更广的视角范围和更大的光圈。这支镜头在最大光圈下存在暗角，收小光圈后暗角基本得到控制。在光圈全开时，也可以看到色散，表现为明显的紫边。这支镜头存在广角镜头常见的桶形畸变。

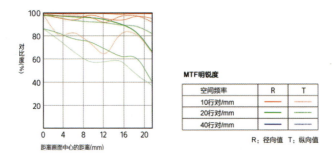

这支镜头的"可玩性"很强，它可以选配广角转换器镜头和鱼眼转换器镜头。将转换器镜头的后端卡槽与镜头的前端卡槽对准并且旋转到位，这样就可以将其转换成 21mm F/2.8 广角镜头或者 16mm F/3.5 鱼眼镜头。这支镜头"一拖三"的设计，很适合拍摄人文纪实、室内摄影、建筑摄影、风光摄影等题材，并且可以在一些特殊场合使用180度视野的鱼眼镜头拍出极具个性的影像。

SEL057FEC鱼眼转换器

SEL075UWC超广角转换器

[下图］摄影：毕远月 光圈 f/7.1，快门 1/1250s，ISO200，机身：A7M2，镜头：FE 24-240/3.5-6.3］

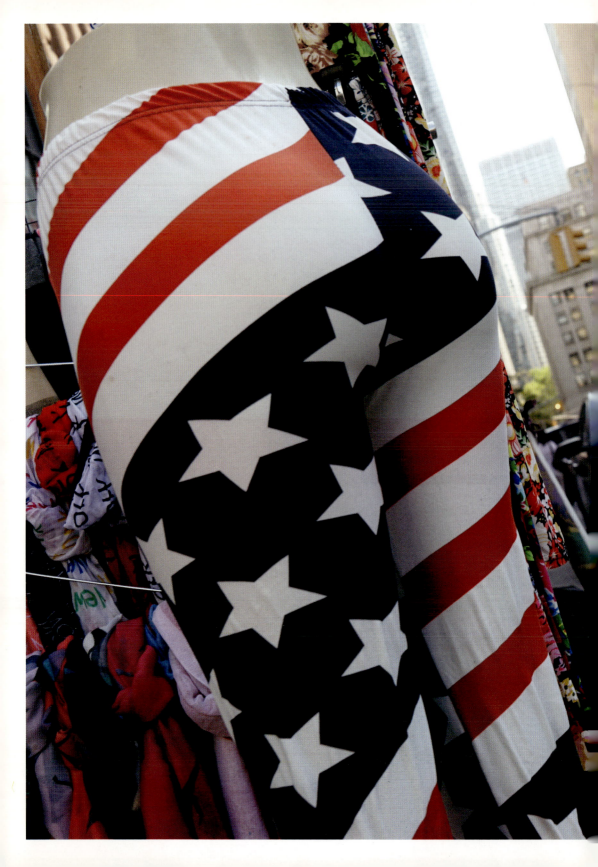

第9章 与毕远月闲聊镜头

引言

毕远月，上海人，常年旅居海外，资深旅行和人文摄影师，足迹覆盖超过70个国家和地区。曾经为LP孤独星球、《时尚旅游》、《GQ》等媒体提供报道，自己也有多本著作出版。他使用过各种相机应对不同的摄影题材，而对微单相机最有兴趣的就是它们可以转接自己在世界各地淘来的稀奇古怪的镜头以及原来经常使用的徕卡镜头，让这些老镜头焕发新的生命，体会一种新的镜头味道。

采访：对话毕远月

毕远月：我还是觉得A7的镜头应该是非常小的，但现在看来，有些镜头并不比单反相机的镜头小多少。

赵嘉：是呀。许多人都期望它的镜头像徕卡M或者康泰时G系列镜头一样小，因为大家都觉得既然是无反相机，最后一组镜片离CMOS更近，就应该做得很小。但是，基于两个原因，不可能做成那样。第一个原因就是数码时代要求光线要尽量垂直地通过镜头入射到CMOS上。如果把镜头做大，那么更容易实现这一点，后组镜片做得大一点，光线也更容易垂直入射到CMOS上，后组镜片越小，光线就越容易斜射。那么，镜头做得大一点，包括卡口大一点，都容易带来更好的效果。第二个原因是镜头越大成本越低。在进入数码时代之后，原来很多对称结构的广角镜头都要改成反望远结构。反望远结构的第一枚镜片是凹透镜，这样可以让更多的光线汇集进来。原来蔡司的35mm定焦镜头很多采用了Sonnar结构或者是Planar结构，但是现在光学特性出色的蔡司35mm定焦镜头大多改成Distagon结构了。反望远结构必然结构更复杂、体积更大。

毕远月：对，现在索尼的FE 35mm F/1.4的镜头特别大。

赵嘉：镜头越大成本越低，镜头越小就必然要使用高折射率玻璃或者特殊玻璃。而且特殊的高折射率玻璃通常是带颜色的，它很难做到无色。越小的镜头成本就越高，除非你对暗角的程度没要求，比如说日本宫崎镜头。

毕远月：那种镜头是小作坊做的，不算量产化的。

赵嘉：那种镜头不追求消除暗角，不追求消除色差，不追求消除畸变，好玩就行。

毕远月：暗角可以用软件消除。

赵嘉：对，但是如果暗角太明显，用软件提亮会带来更多噪点。为什么蔡司FE 35mm F/1.4镜头特别大呢？因为它要兼顾静态照片和动态视频，所以它用了外置光圈和无级光圈技术。视频修正暗角的成本可是非常大的，修正畸变也很困难。

徕卡Tri-Elmar-M 28-35-50mm F/4 ASPH

毕远月：我把徕卡Tri-Elmar-M 28-35-50mm F/4 ASPH转接在A7R上使用确实有一些问题，但是这个就得话分两头说。

如果玩这些老镜头转接，你就得接受它的缺点，它的很多设计都是基于胶片的；如果你想追求更加优异的光学素质和表现，就得用它的原厂镜头。

国外玩转接的基本上都是高级发烧友，他们手上有很多镜头，而且以前玩徕卡的纷纷开始玩转接，转接的成像质量很多时候要胜于徕卡M，操纵性和可玩性也更好。徕

[下图］摄影：毕远月，光圈 f/8，快门1s，ISO80，机身：A7M2，镜头：FE 24-240/3.5-6.3］

卡M镜头也可以拍视频，但许多人还是使用老的定焦镜头来拍摄视频。这次我来北京还专门带了一支日本小厂生产的28mm F/3.5镜头，以前在纽约淘到的。它是螺口的，我把它加在M接环上然后装在福伦达的近摄接环上。

赵嘉：索尼的这套微单系统有什么缺点？

毕远月：我觉得索尼A7R的液晶屏的翻转不是很方便，我还是比较习惯像佳能70D那样绕着竖轴翻转，而且A7R的液晶屏不是触摸屏。

赵嘉：对于触摸屏幕技术，我一直持谨慎态度。触摸屏本身造成成本增加，而且触摸屏很容易坏，维修非常贵。你有什么设置非要在触摸屏上完成而不能在相机上完成呢？

毕远月：当然按钮是最主要的，只是说触摸屏也有它的好处。你可以不被察觉地完成拍摄，而别人却以为你在浏览照片。在这方面触摸屏还是挺有用的。另外，玩转接的一个主要原因也是因为索尼微单的镜头不够多，为何它没有发布更多镜头？

赵嘉：索尼镜头的"分辨率天花板"要比其他镜头高得多。你可以想想，索尼微单未来肯定不止4,240万像素，所以它的镜头要适配更高的分辨率。未来半年索尼还会发布几支新镜头，这样适配A7系列就有20多支镜头，我觉得大体我够用了。所以我不太理解非要用转接老镜头这件事情，还是觉得AF镜头更好用。

毕远月：其实拍照片这件事，得到照片是一件事，而这个拍摄过程是另一件事。比如很多日本人，他们比较注重摄影的"乐趣"，喜欢玩老相机。人家就说：我赏玩老镜头，追求的就是这种不适应感和不舒适感，如今这个世界样样东西都太舒适了，这不行，我得不方便才行！

赵嘉：这个说法有点意思。

毕远月：不少日本人喜欢玩老机器、老镜头，他们就喜欢琢磨这些东西，"以苦为乐"吧。他们的摄影圈子对于老镜头的效果基本上是接受的态度，不像欧美圈子或

[右页图：摄影：毕远月；光圈 f/8，快门 1/40s，ISO200；机身：A7M2，镜头：FE 24-240/3.5-6.3]

者中国的爱好者们会谈论比较多的紫边、暗角、红移。他们认为这是一种存在的东西，必须去接受它。有些人拍的照片糊得什么都看不出来，可是津津乐道，玩转接最多的就是他们。他们就是要研究出一些通常没有人注意的东西——就像现在中国很多人在说的"空气感"，德国人都没有说"我们的镜头有空气感"，这词就是日本人发明出来的。德国人把镜头造出来，日本人去分析、研究，之后公布这个镜头好在哪儿。德国人自己都不知道："哎呀，这么厉害呀！"

再比如，"bokeh"这个词是日语，"焦外效果"。结果现在徕卡自己做镜头的时候，也猛吹"焦外效果"。我看过一个日本摄影师写的一篇文章，他用一台尼康D200加上现代镜头拍了一组樱花，然后又用徕卡20世纪30年代的*Hector*镜头拍了一组樱花，对比之后他们说现代镜头实在是太锐利了，而老镜头带有的那种梦幻感才是最棒的。

凡事都怕琢磨，琢磨到最后琢磨出一个市场，像我现在用的这么古怪的转接环，要是没有去琢磨，谁会造这种东西？玩器材本身也是摄影的一个重要组成部分，是可以去品评和享受的。

[下图：光圈 f/8，快门13s，ISO200；机身：A7R，镜头：16-35/2.8 ZA]

赵嘉谈索尼A7系列镜头系统

I

如大家所知，我是一个非常痴迷的光学发烧友，所以我对索尼A7系列未来的镜头设计有着浓厚的兴趣，所以我曾经花了大量的时间和索尼、蔡司的设计师讨论光学设计问题，从光学机构设计、驱动方式、代工、加工、检测、未来长镜头和增距镜的协同设计之类的聊了不少。

首先说说索尼FE系列镜头的定位吧。因为索尼完全掌握CMOS技术，所以可以想象它会不停地升级CMOS技术，像素也会不停地提高。所以，索尼为FE系列设计的镜头的分辨率远远不止目前的4,240万，尤其是高端镜头。其实这里也能看出来索尼在CMOS上的某些"储备"。不过这个，不能再多说了……

索尼现在的FE卡口的镜头共有19支（不含两个附加镜），对于有更多、更专业细分需求的专业摄影师和摄影爱好者来讲，E系列卡口的镜头还是太少了。不过这件事情需要具体分析。

定焦镜头：
索尼16mm F/3.5 Fish Eye（通过附加镜的方式）
索尼21mm F/2.8（通过附加镜的方式）
蔡司Loxia 21mm F/2.8 Distagon（手动对焦）
蔡司Batis Distagon T* 25mm F/2
索尼FE 28mm F/2
蔡司Distagon T* FE 35mm F/1.4 ZA
蔡司Loxia 35mm F/2 Biogon（手动对焦）
蔡司Sonnar T* FE 35mm F/2.8 ZA
蔡司Loxia 50mm F/2 Planar（手动对焦）
蔡司Sonnar T* FE 55mm F/1.8 ZA
索尼FE 85mm F/1.4 GM
蔡司Batis Sonnar T* 85mm F/1.8
索尼FE 90mm F/2.8 G Macro微距

变焦镜头：

蔡司Vario-Tessar T* FE 16-35mm F/4 ZA

索尼FE 28-70mm F/3.5-5.6 OSS

索尼FE 24-70mm F/2.8 GM

蔡司Vario-Tessar T* FE 24-70mm F/4 ZA OSS

索尼FE 70-200mm F/2.8 GM OSS

索尼FE 70-200mm F/4 G OSS

索尼FE 24-240mm F/3.5-5.6 OSS

视频镜头：

索尼FE PZ 28-135mm F/4 G OSS

增距镜：

索尼FE 1.4x Teleconverter

索尼FE 1.4x Teleconverter

　　索尼的工程师认为目前FE卡口的镜头已经不少了。而且这19支镜头（不含两个通过附加镜形式得到的焦段，包括5支蔡司的FE口镜头）都能支持4,240万像素的分辨率（关于索尼FE 28-70mm F/3.5-5.6 OSS我个人持保留意见），而仔细看看尼康、佳能的镜头，表面上看它们的镜头群很大，但实际上，很多便宜的镜头尤其是多年之前设计的老镜头，实际成像都不乐观，这也是事实。

　　2012年，尼康发布3,600万像素的D800/D800E的时候，3,640万像素已经是划时代的高像素相机了。所以尼康官方就提出，D800E实际上非常"挑镜头"。

　　当时，尼康在日本官网上公布了16款适用于D800E的推荐镜头。其中包括5款超过200mm的长焦镜头，常规焦段只包含11支镜头。

　　而2015年佳能5Ds发布后，佳能也发布了一个类似的推荐镜头单子，不过这张单子被很多行家认为"水分"蛮大的（EF 50mm F/1.8 II都推荐了，有点难以服众啊）。其实不用等5Ds实测，直接把佳能EF系列镜头用Metabones接环转接在索尼A7R的3,640万像素CMOS上，很多设计稍微老点的佳能镜头的分辨率都不太灵。

　　根据当时各个测试来源的数据表明，当时佳能大概有18～25支镜头可以满足5Ds的高分辨率，当然，其中也包括不少长焦和超长焦镜头。

　　换句话说，如果你用的是3,000万像素以上的机身、不常用200mm以上的大炮，那么索尼FE系列的好镜头在数量上并不少。考虑到佳能和尼康大概各有15～20支常用焦段镜头能支持高像素机器，如果这么看，现有A7系列19支镜头的数量并不太弱，而且加上目前每年还要再发6～8支都能达到4,000万像素级别的新AF镜头，镜头上并不是太

[上图：f/4，快门1/125s，ISO400；机身：A7，镜头：FE 35/2.8 ZA]【R】
让人发愁。

所以，从这里也能看出，未来A7还是会走高像素、高画质路线，铁了心不会出太便宜的廉价FE镜头，类似尼康、佳能几百块钱的50mm F/1.8之类的。

II

我们爱摄影和星球漫游微信群里的很多用户问，微单系统是追求轻便的，但部分A7系列很多镜头的体积并不小，这是为什么？

简单解释：总体来讲，同样规格的镜头，同样成本下，镜头做得越小，成本越高。

A7系列在CMOS上的领先地位毋庸置疑，但它要想在器材的性能、性价比、价格上全面超越单反大厂形成优势，肯定要有所取舍。

具体到镜头上，索尼想做出非常非常好的镜头，又想卖得便宜，放开体积是最现实的选择。所以说，徕卡M系列的35mm F/1.4镜头那么小是有代价的。如果想把广角镜头做得体积小成像又好，势必就要使用包括高折射玻璃之类的特殊材料，而这样的镜片通常更昂贵而且加工成本更高。

[后页图：光圈 f/22，快门1/20s，ISO100；机身：A7R，镜头：FE 16-35/4 ZA]

[上图；摄影：毕远月；光圈 f/8，快门 1/1000s，ISO600；机身：A7M2，镜头：FE 24-240/3.5-6.3]

当然，另一个重要的因素，AF镜头做得太小会对驱动系统有很大的限制，这也是个问题。看看徕卡后来出的SL系列微单镜头的体积，你会更深刻地明白这个道理。

所以，结果就是这样，A7系列的蔡司 *Distagon T* FE 35mm F/1.4 ZA* 成像质量目前公认地可以说是"惊人"得好！但是体积和重量都不小。

反过来，蔡司 *FE 55mm F/1.8 ZA* 的画质也是目前全球所有AF标头里最好的，但由于先期的计划就是做一个小巧的镜头，所以最终体积和重量控制得就很不错。不过，同样的结构，如果追求大一点的光圈，比如做成 *55mm F/1.4* 的话，镜头的体积就会大很多。如果想要做一支 *55mm F/1.4* 保持和现在的 *55mm F/1.8* 一样大，AF性能还不出问题——索尼和蔡司的光学设计师亲口跟我说："我们搞不定啊。"

III

很多人问我，A7系列的镜头怎么选择。

首先我们要确定一件事，选择镜头的最终决定权应该是由你自己做出来的，因为其他人提供的只能是"经验"，而最了解你自己摄影"出发点"的只有你自己，因为出发点决定了器材的选择,所以,最终你应该自己拿主意。

总的来讲,镜头选择取决于三件事:

1.你拍摄的题材。整体上题材决定常用镜头的焦段和规格,这方面推荐读者去阅读我们出版的《兵书十二卷:摄影器材与技术》一书中的"最少的镜头配置"一章。

2.你的使用习惯,其实25mm、28mm、50mm镜头都可以拍一个场景,只是使用者的个人喜好不同,你要分析你过去自己的照片,还有你最喜欢的摄影师的作品,了解自己的需求。

3.你的预算。这个……就不多说了。

就器材谈器材,我认为FE系列镜头里有4支可以位列"顶级摄影镜头":

蔡司Vario-Tessar T* FE 16-35mm F/4 ZA

蔡司35mm F/1.4 ZA

蔡司Sonnar T* FE 55mm F/1.8 ZA,

索尼90mm F/2.8 G Macro微距镜头

前三支蔡司镜头都可以说是同规格自动对焦镜头中最优秀的。其中蔡司Sonnar T*

[下图:摄影:毕远月 光圈 f/8,快门1/500s,ISO200,机身:A7M2,镜头:FE 24-70/4 ZA]

FE 55mm F/1.8 ZA虽然价格便宜，但却是目前全球在产的所有AF镜头里画质最好的，甚至张千里和我都认为它的综合画质要超过索尼单反上的蔡司Planar T* 50mm F/1.4 ZA SSM镜头，虽然后者更贵。

90mm微距则让我们很意外，这支镜头的画质相当优异，分辨率甚至超过佳能和尼康的类似规格镜头。这对于户外摄影师来讲是个天大的福音，在户外摄影中和另一支顶级镜头，蔡司Vario-Tessar T* FE 16-35mm F/4真是绝配！

另外多说一句，超级轻小的蔡司Sonnar T* FE 35mm F/2.8 ZA的画质也远超它的价格。这支镜头是A系列最早的镜头之一，使用的是蔡司的光学结构。不过，那时候索尼自己还没有足够的人力来做那么多的镜头整体设计，因此腾龙公司参与了这支镜头的设计工作，随着索尼A系列的完善，这样的事情现在已经不再有了。这支镜头跟着我去过5,700m的海拔，数次在零下20摄氏度的环境中拍摄，从来没掉过链子。我对于它的画质满意程度也要超过蔡司Loxia系列的35mm F/2镜头。而且Loxia系列还得手动对焦，手动对焦拍视频是个优势，但拍照片时自动对焦还是方便得多。

在我们制作这本书期间，索尼发布了3支新镜头。分别是，索尼FE 24-70mm F/2.8 GM、索尼FE 70-200mm F/2.8 GM OSS以及索尼FE 85mm F/1.4 GM。这3支镜头是否可以列入顶级摄影镜头之列，我们还要再进一步做光学和耐用测试，欢迎大家通过关注我们的微信（星球漫游）、微博（爱摄影-星球漫游）来获得更多新资讯。"

花絮：镜头评论

你觉得索尼在镜头方面存在明显的不足吗？

|赵嘉|

第一个问题是镜头的选择余地太小，第二个问题是所有的镜头都要比想象中大，镜头应该做得更小一点。尽管我知道这很难，要是做出一堆Sonnar T* FE 35mm F/2.8 ZA这样的镜头就很好。

|张千里|

（笑）这个等下一步吧。你希望有哪些镜头？

|赵嘉|

我需要一支超广角的光圈至少是f/2.8的镜头。像14mm、15mm、16mm这样的镜头，拍星空差一挡光圈还是差蛮多的。我上次转接佳能EF 11-24mm F/4L USM拍星空，那个效果太赞了。那支镜头的光圈只有f/4啊，但是它的视角太广了，能够容纳很大一部分银河。

{张千里}

也就是说大概你只需要一支更大光圈的超广角就满足了？

{赵嘉}

按照我现在的拍摄题材，基本上够了，我现在不需要那么多的镜头。当然，现在我可以转接很多其他厂家的镜头，我可以想很多办法去解决这个问题。我还想也许可以用KIPON移轴转接环来转接徕卡R镜头和中画幅镜头。

{张千里}

你平时用A7R转接徕卡的M系列镜头吗？

{赵嘉}

很少。我做过一个测试，我把所有在售的徕卡M卡口镜头转接到A7、A7R、A7S和A7M2上，那时候还没有发布A7RM2。然后我就发现，有些镜头是可以用的，有些镜头是不太行的，或者有些镜头在某几台机身上是可以用的。

我觉得对焦是个问题，除非是那些超广角镜头，无所谓对焦。我那支徕卡18mm F/3.8 ASPH镜头光圈收到f/8以后基本上什么都不用管。在徕卡机身上使用就需要外置取景器，要么光学取景器要么电子取景器，它的对焦速度也不怎么快。而如果转接到微单相机，微单相机是自带电子取景器的。我将光圈设置到f/8，从0.8m到无穷远全部清楚，然后直接拍就行了，画质挺不错的。我很少转接其他镜头，35mm、50mm镜头我都不太愿意转接，有时候转接只是纯粹为了玩。如果是正儿八经的拍摄，徕卡镜头还是要装在徕卡机身上的。

{张千里}

器材推荐

器材推荐

FE 24-240mm F/3.5-6.3 OSS

FE 24-240mm F/3.5-6.3 OSS具有10倍光学变焦比，其焦段从广角延伸到长焦，因而这支镜头可以完成多种题材的拍摄，例如风景、建筑、报道、人像等。这支镜头也非常适合旅行摄影，它可以免去反复更换镜头的麻烦，使摄影师有充分的时间去捕捉精彩的瞬间。另外，它可以减轻旅行背包的重量，让摄影师轻松地"一镜走天涯"。

24mm广角端f/3.5的最大光圈可以满足大部分户外和室内题材的拍摄要求，但是200mm长焦端f/6.3的最大光圈稍显不足。

针对手持拍摄可能产生的抖动，这支镜头内置了光学防抖OSS以补偿约三挡快门速度。这提高了在光线不足的环境下或者使用长焦段进行拍摄时得到清晰影像的可能。

这支镜头使用了五枚非球面镜片来修正广角和大光圈产生的像差并且控制畸变，一枚超低色散镜片来消除色差。在最大光圈时，广角端和长焦端的边缘反差能够维持在相对不错的水准上，然而边缘锐度相比于中心锐度有着明显降低。当缩小光圈后，广角端的边缘锐度有所改善，不过长焦端边缘锐度的提升比较微弱。边缘成像质量的衰退是大变焦比镜头普遍存在的问题。

这支变焦镜头在广角端呈现出一定程度的桶形畸变，在长焦端枕形畸变非常轻微。在光圈全开时，广角端和长焦端的暗角均比较明显，收小两到三挡光圈后可以减轻和消除暗角。这支镜头对眩光和鬼影的控制相当不错。

防水防尘的密封设计使这支镜头可以抵抗恶劣的拍摄环境，这对于旅行摄影来说确实非常重要。

花絮：毕远月谈FE 24-240mm F/3.5-6.3 OSS

我一直比较喜欢大变焦比的镜头，这和我从事的与旅行相关的摄影题材也有关系。我比较了一下索尼A7R加上FE 24-240mm F/3.5-6.3 OSS的组合和原先使用的佳能5D III加上EF 24-105mm F/4L IS USM与EF 70-300mm F/4-5.6L IS USM的组合，前者可以节省很多的重量和体积。

FE 24-240mm F/3.5-6.3 OSS这支镜头比较大，装在A7系列的相机上平衡性不是很好，有点头重脚轻的感觉。或许在机身装上手柄以后，平衡性和持握感会有所改善。Vario-Tessar T* FE 24-70mm F/4 ZA OSS和Sonnar T* FE 35mm F/2.8 ZA这两支镜头装在A7系列相机上应该正正好好。

从我自身的拍摄范围来看，我对这支镜头的色彩和反差比较满意。按照差、中、好、优的评分标准，这支镜头可以称得上是好。从锐度来看，它的广角端完全没问题，从广角段到中焦段到100mm或者100mm多一点的焦段也相当好，但是到更长焦段就不是那么令人满意了。所以如果提前知道我的拍摄焦段在广角段24mm、35mm到中焦端50mm最多到100mm左右，那么我还是一机一镜。我现在避免使用超过200mm的焦段。这种做法也算是取长补短。这支镜头在最长焦段处的最大光圈只有f/6.3，有点小，但是它的焦外虚化效果也还是可以的。

我之前一直使用佳能的摄影器材，这支镜头对我而言最大的问题是它的操作方向和佳能镜头是完全相反的，我花了很多时间来适应。这支镜头有时候在光线比较暗的条件下，或者对于有些物体，它的对焦响应不是很好。不过，这也牵涉到对焦系统的问题。总而言之，对我这样喜欢用一支镜头、喜欢用大变焦比镜头的人来说，这支镜头还是不错的。

[上图：光圈 f/16，快门 1/30s，ISO125；机身：A7S，镜头：FE 24-70/4 ZA]

FE 28-70 mm F3.5-5.6 OSS

FE 28-70 mm F3.5-5.6 OSS 这支镜头覆盖了从28mm的广角到70mm的中焦段，适合于风景、人像、纪实等摄影题材。这支镜头提供了较轻的重量和紧凑的镜身设计，与A7系列微单相机搭配比较匀称。

为了分别修正像差和色差，这支镜头使用了3枚非球面镜片和1片ED镜片。从实际使用情况来看，这支镜头的整体反差还可以，中心锐度也不错，不过边缘锐度会出现一定程度的下降。对于色彩的表现，这支镜头会偏向于暖色调。

这支镜头的其他缺点还包括：画面不够通透，广角端和长焦端存在畸变，以及浮动光圈。然而，在适配A7系列微单相机使用的所有镜头中，这支镜头的价格是最便宜的。如果你不太注重成像质量，或者你的后期基础比较好并且有时间进行处理，那么可以考虑这支高性价比的镜头。

[后页图：摄影：吴弯；光圈 f/8，快门 1/100s，ISO400；机身：A7R，镜头：FE 28-70/3.5-5.6]

第10章 微单相机的高阶应用

10.1 微单轨相机

据说是因为索尼微单相机的诞生，使金宝得到启发，重新研发设计了技术相机平台以应用于微单数码相机上。2014年6月，荷兰金宝公司推出了"微单轨"（英文名：Actus）座机。

技术相机通常应用在建筑摄影、产品摄影、广告摄影和风景摄影等领域中，大多使用4×5或8×10的大画幅胶片进行拍摄。按照结构又大致分为双轨式技术相机和单轨式技术相机两类。其中比较常用的是单轨式技术相机，它基本由四部分组成：

1.导轨以及可移动基座：主要作用是支撑相机主体和连接三脚架。
2.相机前组：主要作用是安装镜头。
3.相机后组：主要作用是安装对焦屏和后背。
4.皮腔：主要用以在导轨上进行滑动来调节焦距。

金宝Actus微单轨技术相机

微单轨相机和大画幅单轨技术相机相似，采用单轨设计，所以你可以认为它是Mini版的4×5单轨座机，体积超小，同时具有技术相机的大部分功能。

和大画幅技术相机类似，微单轨座机主要适用于：城市建筑、自然风光、产品静物、微距摄影，还有就是利用后组做接片的拍摄。

虽然其他厂家包括骑士（*Horseman*）、林好夫（*Linhof*）、阿卡（*Arca Swiss*）也

大画幅单轨技术相机　　　　　　　　便携式大画幅双轨技术相机

有近似的产品，但金宝的微单轨是目前市场上最早推出以及最值得推荐的同类产品。

使用金宝ACTUS 微单轨，可以像传统技术相机那样精确操控影像的垂直透视、全景深范围。这主要得益于金宝微单轨前组镜头可以在不脱焦的情况下实现独立俯仰、摇摆功能。另外，它的后组有很方便的上下、左右移轴功能，使得透视校正非常简易，而因为它使用微单相机替代了胶片相机成为成像模块，这样LCD取景屏可以更直观地看到效果。

技术相机都可以做非常精确的调整，微单轨也不例外，包括精细齿动微调俯仰、摇摆、移轴以控制景深，后组快速对焦底座，底座上置精确齿动对焦模块。

另外，微单轨座机的后组接数码相机的卡口带有可旋转设计按钮，使横竖构图转

微单轨技术相机有精密的调整机构

[上图:光圈f/8,快门1/20s,ISO640;机身:A7M2,镜头:FE 16-35/4 ZA]

换非常方便,而且还是在保持中轴不变的情况下。

对于有经验的摄影师,可以使用它完成大多数需要依靠传统技术相机处理的技术工作,例如透视校正、沙姆定律调整等。

ACTUS微单轨采用开放式的可换接板设计,因此能够使用大多数的大中画幅镜头,凭借这些镜头足够大的像场,我们可以非常容易地使用移动后组接片技术,拍摄出画质足够优异且质量极高的单一透视点宽画幅影像,这与普通数码相机拍摄的"摇头"接片所得影像有着本质的差别,即使使用节点云台。

除了可以非常方便地调整透视畸变,微单轨座机另一个巨大的优势是可以做超微距摄影,因为它调焦使用的原理是改变焦平面到镜头之间的距离,所以只要导轨够长,它就能比常规微距镜头获得大得多的放大率。事实上,微单轨座机内置微距接座,所以它很容易实现超微距摄影。

另外,全景深微距在珠宝、手机等静物拍摄,还有昆虫、高倍率显微摄影中使用得极其普遍;经过透视校正的超高像素照片在建筑摄影中也是必不可少的,更不用说拍摄菜品、高质量的电商用图等,它都能很好地实现。

微单轨另一个巨大的优势是价格。作为所有同类技术相机中性能最全面的机型,它和索尼微单配合的方式相当实惠。很可能你过去一定要用数字后背完成的工作，现在有了相对便宜得多的解决方案。即便是刚起步的商业摄影师也都能够负担得起，怎么看都是职业摄影师们的福利。

10.2 我和微单轨

当然，对我来讲拍商业图片不是用微单轨的主要乐趣所在。

我主要使用它来拍摄与西藏报道故事有关系的一些衍生内容的照片，而这其中最主要的就是使用这台小巧的技术相机搭配索尼A7RM2，通过移动后组在胶平面上做接片拍摄，可以由此得到一张2亿像素的照片。

在体积和重量上，金宝微单轨加上镜头收纳之后也就比专业的单反机身稍大一些，用一个中型腰包或者小型内胆包就可以装下。无论是从体积、重量，还是通用性方面，这样的组合几乎都是现在最好的。当然远远比我原来用数码后背+金宝或者阿尔帕的技术相机拍摄方便得多。

而且类似结构的中画幅技术相机则要重很多，也大很多。最关键的是两者的价格完全不在一个数量级上。微单轨加A7RM2的价格只要3万多元，相当于数码后背加技

赵嘉2014年前往西藏拍摄个人专题的器材，其中曼德士（MindShift）户外摄影双肩包和F-stop都具有非常好的背负性能，而曼德士在器材拿取上面更具优势，与ThinkTANK多媒体包配合使用也十分便利

相机价格的 1/3 ~ 1/10。户外环境下拍摄难免会磕碰，太贵的机器用着还是挺心疼的。

刚刚拿到微单轨的时候你会发现，它实际上是一个带皮腔的"架子"，需要自己配镜头，再接到你的微单相机上，才可以使用。

微单轨可以更换后组卡口，兼容索尼E、富士X、徕卡M、尼康F、佳能EOS。换机身卡口很简单，就是把四个固定螺丝拧下来，换个新卡口就行。有段时间我同时用A7R和D810接在微单轨上使用，就是这么换来换去的。直到A7RM2出现，画质完美，终于不用折腾卡口了。

微单轨最初设计时主要是为了索尼A7系列全画幅微单，后来无反相机兴起，现在它也可以用于其他无反相机（比如徕卡、富士），甚至有不少单反相机（尼康、佳能都行）的用户也在用它拍摄。但考虑到微单相机的法兰焦距更短，所以可以适配更多的镜头，包括135单反镜头，实现超广角拍摄。

当然，它也可以使用非全画幅的无反相机，但考虑到它是专业技术相机层面的器材，就是为了得到比常规专业器材更好的画质，我们就不提非全画幅相机了！

10.3 微单轨配什么镜头

选择什么镜头，是一个既简单又复杂的问题。

微单轨座机的前镜头组采用开放的设计，它可以兼容大量中大画幅镜头以及135单反镜头，这在拍摄移轴，特别是接片的时候可以用尽镜头像场接片，增加影像精度，这非常有用。

基本上所有的大画幅座机镜头都可以通过0号接板或则1号接板使用在微单轨座机上。但别用太长的镜头，因为传统座机的长镜头需要对应很长的导轨。以我的经验，通常使用超过180mm的传统大画幅镜头，就需要换加长的导轨。

不过，这里有一个问题需要提一下，其实大部分传统4×5、8×10座机的镜头分辨率和现在的135相机比，是非常低的，这是由镜头设计决定的，像场越大的镜头，要保持高分辨率就越难。就算座机镜头的像场大，但如果它的分辨率过低，用它接片的意义就不大了。

相比起来，4×5座机的镜头比8×10座机的镜头分辨率更高，焦段也更适合于微单轨使用，尤其是一些采用新设计的广角镜头。

考虑到使用微单轨的摄影师更在意广角镜头，我们和金宝公司的代理商"耐索数

[右页图：光圈 f/4，快门 1/60s，ISO400；机身：A7R，镜头：FE 16-35/4 ZA]

码科技"一起测试了大量的镜头。总体来讲，很多历史上4×5座机的优秀广角在微单轨上画质依然非常好，比如施耐德（*Schneider*）的*Super Angulon XL*系列、罗敦斯德的*APO-Grandgon*系列广角镜头都不乏分辨率很高的镜头，可以用在微单轨上。

专业大画幅相机镜头

不过由于多数我们现在所使用的大中画幅镜头都是胶片时代的产物，某些采用对称结构的广角镜头边缘的光线入射角度会比较斜，边缘的影像劣化、红移、暗角现象是普遍存在的。测试过程中，我们也发现一些在胶片时代素质相当不错的镜头，接片拍摄时就出现了很严重且不均匀的红移现象，而不均匀的红移是非常难以校正的。当然，我们可以通过拍摄白板制作*LCC*来校正，但将它用在多张数接片上就比较麻烦。

另外还要提到，几乎所有胶片时代的大中画幅广角镜头用在微单轨+*A7R*上，如果将像场用尽，比如拍摄9张全像场接片，会有比较明显的红移和暗角，但如果用*A7RM2*则有非常大的缓解。所以整体上，我还是觉得*A7RM2*配合微单轨的效果更好。

在微单轨上使用中画幅镜头也是一个不错的选择。

现在随着用胶片的摄影人越来越少，很多中画幅镜头都便宜得不可思议，几千块钱就能买到一支哈苏镜头，这在20年前是无法想象的。

微单轨可以用很多中画幅镜头，目前包括哈苏*V*系列、宾得645、玛米亚645手动对焦镜头、玛米亚*RB/RZ67*镜头，只要配不同的前接板就行。这些镜头不需要电子触点调节，价格也很便宜。

不过，遗憾的是一些设计比较新，光学素质优秀的禄来6008系列、康泰时645系列、徕卡*S*系列这样依靠触点控制光圈的中画幅镜头还不能用在微单轨上。

我原来有很多哈苏*V*系列镜头，所以很长的一段时间我都把*V*系列镜头装在微单轨上使用。哈苏*V*系列有很合适的法兰距离，用在微单轨上，不论单幅的移轴或者拍摄接片都非常方便。哈苏相机使用的蔡司镜头有着相当优秀的分辨率和像场均匀度（会比这几年新出的技术相机专用数码镜头差，但比常规的大画幅镜头要好），色彩也都非常好。

微单轨后组的移轴量是左右各20mm、上12mm、下15mm。做9张全像场接片的时候，如果横置相机，接片后的画幅是76mm×51mm；纵置相机，接片后的画幅是64mm×63mm，要超过哈苏的画幅不少（传统6×6画幅实际是56mm×56mm）。所以不少哈苏镜头不能完整覆盖微单轨需要的像场，用在微单轨上，如果用上下左右9张全像场接片的时候会出现很少量的黑角，最终照片就要略有裁剪。

在使用微单轨拍摄9张接片的时候，我最常使用哈苏的*CFE 50mm F/4*和*CFE 80mm F/2.8*这两支镜头。它们的等效焦距大致为25mm和40mm，拍摄高品质的风景、建筑、静物的照片基本上都没问题了。当然我也使用*CFE 40mm F/4 IF*拍摄，但它的像场会稍微小一点，如果考虑到要裁剪，那它和*CFE 50mm F/4*接片时的视角差异并没有在数字后背上用那么大，因此还是更加推荐使用*CFE 50mm F/4*。

总的来说，在微单轨上接片，用哈苏镜头还是性价比最高的选择。

其实我这两年也经常使用哈苏最新的*CFV-50C*数字后背和哈苏503相机拍摄，所以

[下图：光圈 f/8，快门 1/5s，ISO100；机身：A7R，镜头：索尼 17/4 G]

我带的哈苏镜头既可以接数码后背拍摄，也可以接微单轨拍摄，还是非常便利的。

放大机镜头也可以用在微单轨上，由于放大机镜头的分辨率普遍比较高，像场又平坦。进入数码时代，用放大机的人很少了，所以二手放大机镜头的价格很便宜。出于画质和性价比的考虑，它是非常好的选择！当然，*135相机*的放大镜头（通常是*50mm左右*）只能覆盖全画幅数码相机的像场，移轴量不大，就更别说接片了。而中画幅放大机镜头（通常在*80mm左右*）可以覆盖中画幅胶片的像场，更适合用在接片上。放大镜头唯一的缺点是，因为在设计上只考虑光线从镜头后方入射，不用考虑前方的光线，所以拍摄时可能会遇到眩光之类的问题。

微单轨拍摄接片的最佳选择，当然还是专门数码化的镜头，也就是两大德国镜头厂家施耐德和罗敦斯德专门为金宝、阿尔帕这类数码化技术相机和便携中画幅相机设计的镜头。这些镜头的特点通常是能覆盖比*135相机*更大的画幅、分辨率非常高（甚至超过很多*135相机*的镜头）、重新进行光学设计使得光线可以更垂直地投射到*CMOS*上。这类镜头可以获得极高的分辨率、色彩优异，而且有更少的暗角和红移，特别适

[上页图：光圈 f/16，快门1/60s，ISO100；机身：A7R，镜头：索尼17/4 G]

[下图：光圈 f/4，快门1/320s，ISO100；机身：A7，镜头：FE 16-35/4 ZA]

合在微单轨上使用。

我在微单轨上主要使用两支这样的镜头。

一支是罗敦斯德 HR Digaron-W 50mm F/4。这支镜头拍9张全像场接片，相当于25mm镜头的视角，所以我经常拿它来拍风景。另一支是施耐德的 APO DIGITAR 90mm F/4.5，这支镜头做9张全像场接片，相当于标准镜头的视角，所以我还常常用它来拍人物肖像。而且要特别说一句，这支镜头体积极小，带起来很方便。

其实，微单轨还可以兼容众多135全画幅镜头，如果你主要拍单张照片，只用到前组俯仰摇摆、少量移轴等功能，有不少135数码相机的镜头比24mm×36mm略大，也可以接微单轨+索尼微单使用。

而如果你和我的需求接近，喜欢拍摄接片，你就需要像场更大的镜头。其实，不仅仅大中画幅相机的镜头像场大，135相机里也有更大像场的镜头，这就是移轴镜头。

移轴镜头的生产目的就是为了供建筑摄影师、产品摄影做移轴拍摄，使135相机在一定程度上可以达到技术相机的效果，所以像场要远比同焦段的一般镜头大，大体可以达到中画幅镜头的像场范围，所以它们也适合用微单轨拍摄的镜头。

理论上讲，主流品牌里的尼康、佳能的所有移轴镜头的像场都接近于中画幅镜头。不过，建议你考虑最新一代经过数字优化的产品，有些年代久老的移轴镜头虽然像场够大，但是画质不太能经得住高像素微单相机的考验。特别提示，佳能EF卡口45mm和90mm移轴镜头就属于类似情况。

另外一个比较麻烦的事情是，现在新款的移轴头都已经电子化，镜头需要通过电子接口供电才能控制光圈，佳能、尼康无一例外。

尼康最新一代的移轴镜头 PC-E 24mm F/3.5D ED 还是比较老的D系列镜头，按说尼康D系列正常的镜头即便是通过机身调节光圈的，镜头后面都应该有个镜头拨杆可以通过转接环设定光圈，偏偏 PC-E 24mm F/3.5D ED 不仅不能依靠镜头设定光圈，还没有这个拨杆。

所以 PC-E 24mm F/3.5D ED 在微单轨上的时候，只能先把它装在尼康D810机身上将光圈调整好，在不关电源的情况下，直接把镜头拆下来，这时镜头的光圈就固定到 f/11 了，再放到技术相机上使用。

以我的经验，拍摄风景接片时，f/11光圈是使用最为普遍的设定，它一方面兼顾了景深和成像质量，另一方面又比较好地平衡了镜头由于光线衍射而导致的小光圈影像劣化的问题。总的来说这个实现拍摄的过程确实是有点烦琐，但还能用。

不过佳能这样折腾还不行。新的佳能 TS-E 24mm F/3.5L II 移轴镜头画质其实比尼康的 PC-E 24mm F/3.5D ED 更好，所以还是要等金宝马上要推出的佳能口的专用前板才能够解决这个问题。

10.4 关于全画幅接片更多的信息

很多人可能会好奇，为什么我已经经常在用中画幅数字后背，并且它们的成像质量已经是公认的标杆，还要花时间和精力拍摄如此高像素的接片，真的有实用价值吗？而且现在很多数码相机，包括索尼A7RM2在内，它们都自带扫描方式接片功能，为什么不直接使用它们呢？

其实，这两个问题的答案是一个，那就是我拍摄这些照片的目的。任何器材的选用都取决于你摄影的出发点。

我经常说"摄影是和时间联系最紧密的艺术"，照片其实某种程度上是为未来而拍摄的，在不久的将来我们再回看这些照片，包括你自己在内的所有人的感触可能都是不同的，你很可能会关注很多所不曾关注的细节。而我使用微单轨拍摄高质量接片，无论是风景还是人物肖像，也是基于此。

我在拍摄照片时会力所能及地去提高影像的质量，使得照片除了用于互联网、印刷等传统方式，还有更多的形式可以去展示和传播。过去我长期使用数码后背拍摄报道故事，但现在在拍摄静态风景、人物肖像时则更多使用微单轨，也是因为可以有更好的放大效果。

这里需要再补充一点，为什么要采用后组接片的方式？

从技术角度看，单一透视点接片技术所得到的影像的畸变仅仅与镜头本身的畸变有关。而采用动前组的多透视点的转动接片技术拍摄的照片，本身会造成近大远小的透视畸变，所以你会发现原来场景中几乎所有的横线都变成了曲线，这种和人类视觉习惯的差异是完全没有办法消除的。

另外，多说一句，对于比较严肃的摄影来讲，通过"摇头"拍摄，然后后期接片的方式获得的照片主要应用于科研、商业拍摄等领域。除非你搞成大卫·霍克尼那样的拼贴方式（并且走他那种偏"纯艺术"风格的道路），否则，如果你对严肃的摄影艺术创作更有兴趣，还是应该多在单透视点接片上下工夫，这也是业内比较承认的主流拍摄方式。

10.5 如何拍摄后组接片

通过微单轨和索尼A7RM2拍摄9张全像场接片，拼接后可以获得一幅2亿像素的照片！这是目前最高像素的中画幅数码后背的两倍。按照高品质300dpi可以打印出1.6m见方的照片，这也差不多是顶级微喷打印机幅宽的极限。视觉效果细腻惊人。

[右页图：光圈f/11，快门1/25s，ISO100；机身：A7R，镜头：FE 24-70/4 ZA]

不过，和所有技术相机的操作一样，使用微单轨要经过一定的训练，虽然A7RM2实时取景比老式胶片技术相机使用毛玻璃加放大镜方便了很多，但我强烈建议大家，在实际拍摄前，特别是初次使用它进行接片时，一定要拿出一定的时间来做基础测试，并形成一个精细的工作流程。和一般的相机相比，技术相机的操作是比较烦琐的，它搭配每一支镜头拍摄接片之前都一定要做可行性的测试，以保证机器能够与你的目的相吻合。

首先，你要找到足够坚实和可靠的三脚架和云台，来保证拍摄过程中微单轨不会发生位置的改变。

花絮：关于三脚架和云台

我平时通常使用德国的FLM（孚勒姆）和捷信两个品牌的三脚架。云台我都是使用FLM的球形云台。但在使用微单轨拍摄时，我还有一套终极配置！这就是FLM的CP42三脚架和雅佳D4齿轮云台。

CP42是指42mm的管径，FLM的这支三脚架要比捷信最粗壮的5系三脚架更粗。正常情况下，FLM不生产42mm管径的三脚架，他们觉得正常产品序列里的CP40，也就是40mm管径已经足够完美地支持8×10相机或者超长镜头了。每年他们大体为特殊的用户定制一小批CP42，顾客要是今年没订上就只能等明年，所以数量极其稀有。我就没赶上2014年那一拨，情急之下我甚至通过各地经销商，想找手里有CP42的用户转卖给我，但是没人肯卖。到2015年底，厂家又生产了一次，我才拿到CP42。

阿卡的D4齿轮云台也是给4×5（甚至8×10）相机用的，可以通过齿轮做精细的三向调节，架设微单轨也绰绰有余。

FLM CP42大型三脚架和雅佳D4是完成优质接片的保障

拍摄前，要将三脚架、云台、微单轨前后组所有需要固定的地方都拧紧固定好。

拍摄时，通常需要保证接片最中心的一张是在横纵的"0"位上，然后要保证上下、左右位移的距离是足够的，心里要清楚你用的镜头有没有暗角，或者某支镜头在前组俯仰摇摆到什么状态时有可能会出现暗角和红移。因为紧凑型的技术相机通常情况下向上位移的量少于向下位移量，以保证拍摄较高的物体时更容易构图。其次，为了保证你在接片时软件不至于出错，每两张照片之间一定要有至少1/4的重叠。

并且非常重要的是，你的相机一定要设置成手动曝光（最好拍摄RAW格式，这样不用考虑白平衡在内的可变设定），ISO之类的也都要完全手动固定，这样才会减小失败的可能性。

具体操作的步骤，我以哈苏CFE 50mm F/4为范例。如果是带镜间快门的V系列镜头，拍摄前先要打开镜头上的快门遮挡，设定好光圈。

因为使用技术相机通常会利用沙姆定理改变焦平面的平行关系来获得更大或者更小的景深。所以，通常我会打开A7RM2的机背取景放大功能，通过后组上下左右的移动，查看焦点是不是我要的效果，再看看有没有明显的暗角或者红移。如果暗角或者红移太明显，我就要考虑通过拍半透白板的方式来做校正。这是用CMOS感光元件的微单相机的优势，可以实时检查焦点。而在原来的胶片时代，技术相机只能用毛玻璃+放大镜来检查焦点。

我通常会采用横向机位，拍摄横向三张、纵向三张的"九宫格型拍法"。

[下图：摄影：郑顺景；光圈f/8，快门1/1000s，ISO1600；机身：A7M2，镜头：索尼70-400/4-5.6 G]

通常我会先将后组升高到某一个边角位置，比如右上角，按照S形，先向左横移，在最右、中间、最左各拍一张。然后后组向下移轴到上下的0位，横移拍摄左、中、右各一张，再继续向下移轴到底，右、中、左各一张。

这样完成9张照片的拍摄时，相机的移动轨迹就是一个"S"形。拍摄完最后一张后，我会用手挡住镜头，拍摄一张照片以示间隔。然后尽快按照跟刚才拍摄路线相反的轨迹再拍一遍。

记住，每次按快门之前要保证所有需要固定的地方都已经被固定好了，这样可以保证图片足够清晰。

当然你也可以按照自己喜欢的方式，按照正向或其他位移方式拍摄，但一旦确定拍摄方案后，之后每一次都一定要按照这个顺序来拍，这样后期合成处理才会比较容易一些。

开始拍摄的时候你可能会失败几次，不过，成功之后，你会深深地被照片的效果震撼，然后爱上微单轨+A7RM2这个无敌方便的巨幅照片拍摄组合！

花絮：如何精确校正红移或色偏

当我们进行镜头转接或是使用技术相机进行接片拍摄时，因为镜组结构和光轴移动造成的光线大角度射入CMOS感光元件，就很容易造成照片的边缘劣化和区域不规则红移，甚至是彩色的偏色。造成这些成像问题的原因主要与CMOS单一像素的开口率以及CMOS本身的厚度有关，比如A7RM2的4,320万像素的背照式CMOS就比采用传统制造工艺的A7R使用的3,600万像素的CMOS具有更好的转接效果，红移的问题也会小很多，但也不能够完全避免，因此我们需要利用后期软件进行修复。

Lightroom中的径向滤镜能够大致解决红移的问题，但当遇到比较复杂的色偏，或者是使用有红移的照片进行接片操作时，就没必要使用专业的LCC校正方法，否则就会如右图，完全无法使用

针对转接镜头的红移，使用Lightroom中的"径向滤镜"，并向"绿色"方向调整"色调"的数值就能够弥补边缘出现的"红移"现象，但使用这种方法的前提条件一定是画面中的"红移"是相对均匀的。而当我们涉及移轴操作时，光轴不再与CMOS垂直，同时也不在画面中心，那么就很容易出现不均匀的画面偏色，此时这种简单的处理方法就完全没办法解决问题。

现在最完美的解决方案主要是使用白色半透明磨砂板，配合Capture One PRO软件制作LCC预设进行专业的校准。它的原理其实很简单，主要是通过白板相对均匀的光线散射让相机拍摄一个白色的平面，从而让镜头与CMOS"一一匹配"的缺陷呈现出来，能够被软件所识别，并建立一个补偿的文件加载到其他使用相同设置的镜头画面上，从而进行精确的校准。

具体步骤：

1. 设定好镜头的光圈或移轴量，并将白色半透明磨砂板紧贴于镜头前方；
2. 将白板对准天空或者一个光线充足的地方，调整相机的曝光设置，使得直方图的数据呈现中间突起的状态，并按下快门；
3. 将拍摄好的RAW格式文件导入Capture One PRO，选择这张照片，并在"镜头"工具栏当中找到"LCC"选项；
4. 单击"创建LCC"按钮，在提示框中选择"包括除尘信息"并创建配置文件；
5. 创建之后，可以在选项框中调整"平均光"滑块，以调整对于暗角的调整程度。完成调整后单击"LCC"工具栏右上角第四个小工具（9.0版）"管理和应用LCC预设"，选择"保存用户预设值"选项，保存调整预设；
6. 选择需要调整的照片，同样在"镜头"工具栏中找到"LCC"选项，单击"管理和应用LCC预设"中已经存储的预设，即可运用预设校准照片的偏色问题。

耐索数码摄影科技有限公司
www.nexor.cn

香港耐索（总部），电话:+852-2517 2308，电邮: infohk@nexor.hk
地址：香港上环摩利臣街10号宏基商业大厦9楼
广州耐索，电话:+86-20-8348 8181，电邮: infogz@nexor.cn
地址：广州市越秀区麓苑路42号2栋101室（邮编: 510095）
北京耐索，电话:+86-10-8586 1880，电邮: infobj@nexor.cn
地址：北京市朝阳区团结湖东里12号团结公寓写字楼2楼207室（邮编: 100026）
上海耐索，电话:+86-21-5238 2115，电邮: infosh@nexor.cn
地址：上海市武定西路1288号海影大厦306室（邮编: 200042）

花絮：如何使用Lightroom接片

首先我要强调，要尽量使用技术相机将前期可以做好的事情做到最好，而之后的后期合成工作则会变得轻松而容易。

此前，在《一本摄影书》和《摄影的骨头：高品质摄影流程》等书中我们都为大家介绍了使用Photoshop或者PTGui合成全景照片的详细方法，它们都是很成熟的合成方式，特别是PTGui软件，它现在依然是相当先进的合成选择。

但是这些合成软件使用起来其实并不方便，通常合成之前需要先冲图，调整输出为TIFF格式，然后再进行合成。而现在如果你是Lightroom的使用者，那么就可以直接在软件内进行高质量的全景照片合成，并且完成合成之后可以马上使用Lightroom进行色彩、影调等专业的后续调整，而不再需要多次在各种软件之间来回切换，这应该是现在最高效的合成方式，而且它极为简单。

[上图；摄影：王建军；光圈 f/16，快门2.5s，ISO50；机身：A7R，镜头：FE 70-200/4 G]

具体步骤：

1. 导入你的素材照片，最好是RAW格式文件；

2. 对需要合成的RAW格式文件进行基础的调整，包括白平衡、曝光、反差、饱和度等，并使用软件的"同步"功能，将这些设定同步到合成的每一张照片上，以保证照片的效果一致（其实也可以先合成再调整）；

3. 在"图库"中选中合成使用的几张照片，单击鼠标右键，在选项中选择"照片合并"，再选择"全景图"工具，软件就会自动生成一个图片预览。

4. 生成预览之后，可以在"球面""圆柱""透视"三种合成方式中选择，通常点选"自动选择投影"就可以得到不错的效果。如果你是使用技术相机移动后组接片则几乎不会出现计算失误。如果你使用转动镜头接片，那就根据直观的感受，选择你认为最自然的一种合成方式即可。合成完的照片依然是RAW格式文件，Lightroom中的调整功能也可以继续使用，非常方便。

说明：

本书加 [R] 标记的图说，系因图片代理或者摄影师不能确认拍摄数据，而由作者评估得到。

未署名作品由华盖创意（*www.gettyimages.cn*）提供。